Der Haustiermist in der Heiz- und Wärmetechnik

Otto und Rhea Graff

Umschlagabbildung siehe Seite 41

Graff, Otto:

Doktor der Naturwissenschaften
Honorarprofessor im Fachbereich Agrarwissenschaften
der Justus-Liebig-Universität Gießen
Braunschweig

Graff, Rhea:

Studentin der Medieninformatik
Braunschweig

Herstellung und Druck: www.lulu.com
© 2007 Otto und Rhea Graff
ISBN 978-1-84799-837-8

Vorwort

Im Oktober 1949 wurde ich von dem damaligen Direktor des Instituts für Humuswirtschaft der FAL, Professor Dr. Walter Sauerlandt, mit der Durchführung von bodenbiologischen Experimenten betraut.

Sauerlandts Spezialgebiet war die Erforschung und Nutzung der vielfältigen organischen Substanzen, welche die Bodenfruchtbarkeit beeinflussen. So kam ich selber in Berührung mit diesen Problemen. Beim Literaturstudium kamen Ansichten vieler früherer Forscher zutage, die Sauerlandt besonders interessierten.

Er unterstütze mich durch Gewährung von Dienstreisen zu auswärtigen Bibliotheken auf der Suche nach Angaben, welche die geschichtliche Entwicklung der Düngung in der Landwirtschaft betrafen. Allerdings gingen diese Arbeiten nur langsam vonstatten, weil mein Hauptarbeitsgebiet auf dem Versuchsfeld lag. Als Sauerlandt 1964 in den Ruhestand trat, war ein vorläufiges Manuskript vorhanden, das ich wegen anderer Vorhaben und Verpflichtungen erst in den neunziger Jahren als Rentner wieder in die Hand nahm. Dabei stellte sich heraus, daß eine große Zahl von gesammelten Angaben weniger die Düngung mit Mist, als die Verwendung der tierischen Abgänge als Energieträger betrafen.

Während die Geschichte der organischen Düngung 1995 im Druck erschienen war[1], mußte für die zahlreichen, aus aller Welt vorhandenen Belege über Tierkot als Brennmaterial eine gesonderte Arbeit geschrieben werden.

Mittlerweile hatten neue Methoden in die Vorbereitung einer solchen Publikation Eingang gefunden, von denen ich keine Ahnung hatte. So war es ein besonderer Glücksfall, daß meine Enkelin Rhea Graff inzwischen die nötigen Kenntnisse besaß, um die Redaktion des vorliegenden Textes zu übernehmen. Ohne diese Hilfe würde das Manuskript weiter in der Schublade liegen.

Otto Graff, März 2007.

---

[1] Otto Graff. Geschichte der organischen Düngung. Von Stercutus bis heute. (Kovač) Hamburg

Inhaltsverzeichnis

Vorwort i

Einleitung 1

Nachrichten über Tierkot als Brennstoff und Energieträger 7

1 Europäische Länder 7
    1.1 Schweden 7
    1.2 Dänemark 7
    1.3 Nordfriesland 9
    1.4 Ostfriesland 12
    1.5 Britische Inseln 13
    1.6 Island 13
    1.7 Frankreich 14
    1.8 Spanien 15
    1.9 Alpenländer 16
    1.10 Ungarn 19
    1.11 Balkan und Kreta 20
    1.12 Russisches Reich 20
    1.13 Kaukasus-Länder 25

2 Islamische Länder 27
    2.1 Nordafrika 27
    2.2 Syrien und Irak 27
    2.3 Yemen 30
    2.4 Anatolien 30
    2.5 Iran 32
    2.6 Afghanistan 32
    2.7 Innerasien 33

3 Asien 35
    3.1 Indien 35
    3.2 Tibet 38
    3.3 Mongolei 39
    3.4 China 42

4 Afrika 43

5 Amerika 45

6 Die Wärme des fermentierenden Mistes 47

7 Mist als Isolier- und Baumaterial 55

8   Kuriositäten der Mistverwendung   59

  8.1   Digestion   59

  8.2   Bleiweiß   59

  8.3   Rauchen   59

  8.4   Töpferei   60

  8.5   Brotbacken   61

  8.6   Insektenabwehr   61

  8.7   Schmiedefeuer und Erzschmelze   63

       8.7.1   Eisenguß   63

       8.7.2   Mistasche   64

Dank   65

Abbildungsverzeichnis   67

Schrifttum   69

Einleitung

Wenn heute viel die Rede ist von nachwachsenden Rohstoffen, soll man gerne einmal überlegen, was solche Stoffe seit jeher für den Menschen bedeuten. So wird man finden, daß sie seit Beginn unseres irdischen Daseins unsere Existenz bestimmt haben. Zunächst denken wir da an unsere Nahrungspflanzen und -tiere, die nachwachsen müssen, sonst wäre es eines Tages aus mit uns. Seit jeher spendeten diese Lebensmittel ganz allein die Kräfte, die der Mensch benötigt, um der Natur das abzuringen, was eben diese Kräfte in ihm weckt.

Neben den nachwachsenden Pflanzen und Tieren, die ja schon den tierischen Vorfahren des Menschen das Leben ermöglichten, hat wohl der Gebrauch des Feuers, das auch von nachwachsenden Rohstoffen genährt werden mußte, den Aufstieg der Menschheit eingeleitet. Während der Homo erectus, ein Vorläufer des Sapiens-Menschen, vor 1,5 Millionen Jahren die ersten primitiven Steinwerkzeuge besaß, ist die Kunst das Feuer zu nutzen und zu unterhalten erstmals beim Pekingmenschen (*Sinanthropus pekinensis*) vor 400 000 Jahren belegt (Brockhaus, 1988). Ohne auf die Zahl der Jahre weiter einzugehen und auf die Frage, bei welchem Hominiden wir uns für das Feuer zu bedanken haben, sind sich die Gelehrten seit dem Altertum darüber klar, welche Bedeutung die Beherrschung des Feuers für unsere materielle und geistige Kultur erlangen mußte.

Mit dem Feuer, das mit trockenen Abfällen der Vegetation unterhalten wurde, konnte der Jäger seine Beute wohlschmeckender und verdaulicher machen. Das Sammeln des Brennstoffes oblag den nicht an der Jagd Beteiligten, also Frauen und Kindern. Zu den Tieren, die des Fleisches wegen verfolgt wurden, gehörte auch der Wolf (*Canis lupus*). Ihn lockten andererseits die Reste der Fleischmahlzeiten an die Lager der Jägertrupps. So bildete sich mit der Zeit eine Partnerschaft Mensch-Wolf, die ausgeweitet wurde, als der tierische Freund die Annäherung fremder Tiere oder Menschen zu melden lernte. Dies ist vermutlich der Beginn der Domestizierung des Wolfs, in deren Verlauf unser Haushund (*Canis familiaris*) entstanden ist.

Etwa gleichzeitig lernten die das Feuer hütenden Frauen, daß auch die vegetabilischen Anteile der Nahrung, Wurzeln, Knollen, Blätter und Samen durch das Kochen oder einfaches Erhitzen am Feuer, verträglicher und schmackhafter wurden (Boettger, 1958).

Mit dem Hund als Jagdgenossen war das Erlegen oder Einfangen von verschiedenen Säugetieren wesentlich erleichtert. Irgendwann, wenn reiche Beute gemacht wurde, die man nicht auf einmal verzehren konnte, kam man darauf, Nahrungstiere lebendig für später aufzubewahren, sei es angebunden oder in Gehegen. Hier wurden dann gelegentlich Junge geworfen, die man aufzuziehen lernte. So etwa denkt man sich die Haustierwerdung des Schweins als Abfallfresser und von Ziege, Schaf und Rind, eventuell auch Kamel, als Weidetiere. Der Hund, erst Jagdgenosse, wurde zum Hütehund. Durch die Haltung von Weidetieren konnte man leichter an Fleischmahlzeiten kommen als durch die Jagd.

Auch die Versorgung mit pflanzlichen Nahrungsmitteln wurde einfacher, als man begann den Boden herzurichten, um bestimmte Gewächse in Kultur zu nehmen.

Im Laufe der Entwicklung und nach regionalen Erfordernissen wurde der Schwerpunkt mehr auf die Bodenkultur oder mehr auf die Viehhaltung gelegt. Zu jener war ein Klima mit genügend Niederschlag während der Vegetationszeit erforderlich, ferner günstige Bodeneigenschaften. Solche Gegenden sind in der Regel ursprünglich von Wald bedeckt gewesen, dessen Rodung zur Gewinnung von anbaufähigem Land gemeinschaftliche Arbeit erforderte. Auf die einzelne Familie kam nur soviel Land, wie sie bearbeiten konnte, d. h. die Anbaufläche blieb zunächst begrenzt. Der noch vorhandene Wald lieferte Brenn- und Bauholz.

Die Haltung von Weidetieren erforderte größere Flächen von Grasland, das oft im Sommer trocken und

zum Anbau ungeeignet war. Es mußte nur genügend Wasser zur Tränke vorhanden sein. Hier gab es weni-
ge Holzpflanzen, die in manchen Gegenden auch noch dornig waren. Freilich brennt auch trockenes Gras
sehr gut. Zum Kochen und Heizen müßte man aber Unmengen sammeln. Die Weidetiere verzehren Milli-
arden von Graspflänzchen und scheiden deren unverdauliche Reste in Form von Fladen oder Bällchen aus.
Diese, von Natur schon wasserarm, sind nach kurzer Zeit trocken und brennbar und leicht einzusammeln.
Kurzum: der Kot der Weidetiere ermöglicht es, das Feuer in den Steppen und Wüsten zu unterhalten und
damit die menschliche Existenz in diesen Gegenden.

Die Nutzung von getrocknetem Tierkot zur Feuerung haben viele deutsche Soldaten im 2. Weltkrieg
in Nordafrika und in der Ukraine kennengelernt. Der Tourismus hat diese Verfahren weiter bekannt gemacht. Die Medien mit ihren Berichten aus fernen Ländern tragen dazu bei. Allerdings brauchen wir gar
nicht so weit zu gehen: an den Küsten Deutschlands, Dänemarks und Schwedens, ebenso wie in England,
Schottland, der Normandie und der Bretagne, der Schweiz, wohl auch in Spanien, in Ungarn und auf dem
Balkan sowie in Rußland wurde und wird mit Haustierkot gekocht und geheizt. Den weitesten Gebrauch
dieser Stoffe aber macht man in den islamischen Ländern, Vorder- und Mittelasiens sowie in Tibet, der
Mongolei, Indien und China.

Wenn ursprünglich die Holzarmut vieler Gegenden die Verwendung von Tierexkrementen zur Feuerung
geradezu erzwang, entdeckte man in holzreichen Gegenden eine weitere Eigenschaft des Mistes. Werden
nämlich die im Vergleich zu den Hirtenvölkern nur wenigen Haustiere der Ackerbauern ganzjährig oder
zeitweise in Ställen gehalten, dann wird Stroh oder anderes organisches Material eingestreut. Dadurch
entsteht, viel voluminöser als die eigentlichen Fäkalien, der sog. *Stallmist*, der sich von selbst erhitzt,
wenn er in größeren Haufen aufgeschichtet wird. Von diesem Phänomen machte man vielerorts Gebrauch
zum Erwärmen von Wohn- und Vorratsräumen im Winter, wie aber auch zu technischen Zwecken z. B.
der Bleiweißgewinnung oder zum Destillieren von Schnaps, ja sogar zum Ausbrüten von Hühnereiern.
Auch zum Isolieren gegen Frosteinwirkung ist der Stallmist gut, gelegentlich auch als wärmedämmendes
Baumaterial. Die Erfindung des 20. Jahrhunderts ist der Gewinn eines brennbaren Gases, wenn nämlich
der Stallmist in geschlossenen Behältern einer anaeroben Gärung unterworfen wird.

Verwendungszweck und Verwendungsweise des zur Wärmegewinnung bestimmten Mistes sind vielfältig. Es sei hier darauf hingewiesen, daß man in der Literatur häufig die Bezeichnung *Mist als Brennmaterial* findet, wobei in den meisten Fällen mit *Mist* nur die *reine Ware* gemeint ist. Im deutschen Sprachge-
brauch wird *Mist* in der Regel gleich *Stallmist* gebraucht, welcher neben dem Kot auch den Harn und die
Einstreu der Tiere enthält, und als Dünger dienen soll. Dieser erwärmt sich bei kompakter Lagerung durch
mikrobiologische Prozesse (Fermentation). Auch die Fermentationswärme wird seit altersher genutzt. Bei
unserem Thema muß auch die Herkunft der tierischen Abgänge berücksichtigt werden: in Europa sind die
Lieferanten des Brennmaterials Rind, Pferd, Schaf und Ziege, in Afrika zusätzlich Büffel und Kamel, in
Mittelasien tritt der Yak hinzu, während in Nordamerika die Ureinwohner auf den Prärien die *Bisonchips*
verwendeten, was die weißen Jäger von ihnen lernten. In Südamerika lieferten die neuweltlichen Kamel-
arten Lama und Vikunja vor und nach der Conquista in den Steppen und Hochländern als Erzeuger von
Brennmaterial einen wichtigen Beitrag zur dauerhaften Besiedlung dieser Gebiete. Das Mistfeuer diente

1. dem Aufwärmen im Freien und in leichten Unterkünften,

2. zum Bereiten der Mahlzeiten, direkt im Feuer oder in Gefäßen, oft primitiven tönernen Töpfen.
   Gelegentlich wurde auch Fleisch geräuchert.

3. zum Brotbacken, einfach in der heißen Asche oder in mehr oder weniger kunstfertig errichteten
   Backöfen.

4. als Töpferfeuer zum Brennen von Keramik.

5. als Schmiedefeuer, auch für Goldschmiedearbeiten.

6. zum Verhütten von Erz.

- Mist wird ferner gebraucht als Bauhilfsmaterial beim Erstellen von Hauswänden als Bewurf zusammen mit Lehm, bei der Glättung von Estrichen, aber auch zur Isolierung von Hydranten bei Frost, Kuhdung auch zur Abdichtung von Bienenkörben.

- Die Fermentationswärme des Mistes wurde genutzt beim Abdecken von Kellerräumen, sogar zum Ausbrüten von Hühnereiern.

- Heutzutage wird Mist in geschlossenen Behältern zur Methangewinnung vergoren.

Der Verwendung von trockenen Tierexkrementen, wie sie auf den Weiden eingesammelt werden können, steht die Bearbeitung des Tierkots gegenüber. Häufig wird er dabei noch gestreckt mit Häcksel oder Kaff und dann zu runden flachen oder halbkugeligen Kuchen geknetet, zum Trocknen ausgelegt oder an die Hauswände angeklebt. Für diese entwickelteren Methoden ist zumeist Stallhaltung der Tiere die Voraussetzung.

Nachrichten über Tierkot als Brennstoff und Energieträger

1 Europäische Länder

1.1 Schweden

Was kaum bekannt ist bzw. immer wieder verblüfft, ist die verbreitete Verwendung des Brennstoffes *Haustiermist* (besser *-kot*!) in Westeuropa in geschichtlicher, ja allerjüngster Zeit. Beginnen wir unsere Studienreise im Ostseeraum, im südwestlichen Schweden, an der Küste von Skanör, südlich von Malmö: Wenn auf einer Weide Tiere verschiedener Eigentümer gemeinsam grasten, traten natürlich bei der Bergung des Brennstoffes Schwierigkeiten auf. Besonders hübsch ist die Mitteilung von Correus (1891), wie man seinerzeit dort Streitigkeiten vorbeugte:

„Auf der gemeindeeigenen Weide sowie auf den Straßen des Dorfes sieht man kleine Haufen von Viehmist, die man in acht nimmt, um sie als Brennstoff zu gebrauchen. Aber es würde schwierig sein, herauszufinden, wessen Kühe es waren, die ihrem Herren die wertvolle Bereicherung seines Brennstoffvorrats geschenkt haben, wenn man nicht den *Hyr* hätte. Dies ist der hauptamtliche Viehhirt des Dorfes, dessen Aufgabe darin besteht, die Tiere auf der für sie bestimmten Weide zu halten und jeden Mistfladen mit ausgefallenen Gänsefedern zu markieren, welche je nach dem Eigentümer, dem er zusteht, Anzahl und Stellung wechseln. Der *Hyr* führt sein Amt unanfechtbar. Jeden Morgen um 6 Uhr klingt sein Horn, um die Herde zu sammeln, und um 6 Uhr abends macht er auf dieselbe Weise bekannt, daß das Vieh auf dem baumbestandenen Platz, der *Markt* geheißen wird, abgeholt und — daß der Brennstoff eingeerntet werden kann.“

1.2 Dänemark

Für das Nachbarland Dänemark hat sich Stoklund (1954/55) um die Sammlung von einschlägigen Angaben verdient gemacht. Er traf noch 1950 auf der Insel Röm eine Frau, die ihm zeigte, wie vor einem Menschenalter das Brennmaterial gesammelt wurde. Hatte ein Einwohner sich einen Haufen davon zum Trocknen auf dem Weideland zusammengetragen, so schnitt er daneben als Eigentumsvermerk seine Hausmarke (Abb. 1) mit dem Spaten in die Grasnarbe, von wo das Material in Körben nach Hause gebracht wurde (Abb. 2). Im Inselmuseum von Röm in Toftum — dem sogenannten Kommandørgården — werden Gerätschaften gezeigt, die beim Einsammeln benutzt wurden. Nach den knappen Zeiten des zweiten Weltkrieges, als mancher Insulaner wieder das alte Material zu Ehren kommen ließ, dürfte nach Fertigstellung des Straßendammes nach Röm dieser Brauch wohl für immer erloschen sein. Belegt ist der Gebrauch des Mistes zum Heizen ferner von den beiden Inseln nördlich Röm, Mandö und Fanö, und dann weiter entlang der ganzen jütländischen Westküste nach Norden bis zur Ausmündung des Limfjords und darüberhinaus bis Skagen. Schließlich gibt es Bezeugungen für die Kattegat-Inseln Läsö und Anholt sowie für einige kleinere Inseln am Nordausgang des Großen Belts und einige Punkte auf der Insel Seeland. Sogar auf der waldreichen Ostseite Jütlands in der Gegend von Kolding wurden — allerdings nurmehr gelegentlich und zusätzlich zu anderem Material — Kuhfladen verfeuert. Daß die wenig appetitliche Herkunft dieser Art Brennstoff kaum zu einer Abneigung gegen ihn geführt hat — wenngleich der üble Geruch des Qualms manchmal beklagt wird — geht daraus am besten hervor, daß an einigen Orten in Dänemark mit Kuhmist Lebensmittel geräuchert wurden, auf Sejerö sogar Gänsebrüste!

Abbildung 1: Gesammelte Rinderfladen auf der Insel Röm mit Hausmarke des Eigentümers
(Foto: Stoklund, 1954/55)

Abbildung 2: Einsammeln der Fladen (Foto: Stoklund, 1954/55)

1.3 Nordfriesland

Die Verhältnisse in Dänemark setzen sich nach Süden in die Herzogtümer Schleswig und Holstein hinein fort. Aus Schleswig macht Pontoppidan (1781) einige Angaben darüber:
„Auf der westlichen Seite der Landes in den Marschen gibt es keinen Wald, weder für Bauholz noch für Feuerung. Deshalb muß man sich meistens behelfen mit dem Kot der Tiere, welcher in Haufen aufgesetzt und zum Brennen ausgeschnitten wird, zusammen mit ein wenig Torf."

Gleiches gilt für die Insel Föhr:
„Was am meisten fehlt, ist Brennmaterial. Dazu nimmt man teilweise getrockneten Kuhmist." Krarup Mo-gensen (briefl. Mitt. 1958), dem ich diese Angaben verdanke, teilte mir mit, daß mit diesem Stoff auch ein reger Handelsverkehr stattfand.

Für Sylt sei ein Auszug aus der Inselbeschreibung von Booysen (1828) angeführt:
„Die Insel liefert durchaus keine Feuerung als blos ein wenig Haide, die kaum 3 bis 4 Zoll hoch wächst, daher auch der dem Lande nachtheilige Gebrauch, daß, leider ein Theil des Düngers nach einer vorherge-gangenen Zubereitung zur Feuerung benutzt wird."
Der Torf, der auf den Watten der Insel nur bei Niedrigwasser gegraben werden konnte, war so „voller Salz und öhliger Theile, daß er das erste Jahr nicht brennen kann und dem Kupfergeschirr auch sehr schädlich ist."

Abbildung 3: Trocknen der Mistbriketts auf der Hallig Hooge (Aus: „Hör zu" Nr. 17, 1958)

Bis in die Jetztzeit hat sich der Mist seine unangefochtene Stellung als Brennstoff auf den Halligen erhalten, wie aus dem Bericht „Auf der Hallig Hooge" in der Rundfunkzeitschrift „Hör Zu" (Abb. 3) vom April 1958 hervorgeht. Von den Halligen haben wir die genaueste Kunde über die angewandten Techniken. Als erster hat Lorenzen (in Camerer, 1758/62) der Sache eingehend Erwähnung getan:
„Ohne Zweifel möchte mancher begierig seyn, zu wissen, woher wir die benöthigte Feuerung bekommen,

weil hier weder Holz zu fällen, noch auch frischer Torf zu graben ist, und da muß ich dann erzählen, was es in diesem Stücke auf unserer Insel vor eine Beschaffenheit habe. Weil wir den Kuhmist zum Düngen je nicht gebrauchen, da wir keine Äcker haben, so bereiten und bearbeiten wir denselben auf mancherley Art, bis er geschickt ist, sich zur Feuerung gebrauchen zu lassen. Im Frühjahre wird der Mist in kleinen Klumpen auf den flachen Warffen und auf dem Fuße derselben vertheilet, hernach mit dem Besen zu kleinen runden und dünnen Kuchen zerklopft, welche nachgrade von der Sonne ausgedorret, und darauf zum Feuer gelegt werden. Diese Art der Feuerung nennt man hier Schaasen.

Etwas weiter im Frühjahr wird der Mist mit Schubkarren aus den Pfützen in den Garten geschoben, da denn die Frauensleute ihn mit den Füßen treten, stampfen und dünne klopfen. Wann er nun etwan halb trocken, so wird er mit den Spathen in viereckige Stücke abgestochen, umgekehret, in Reihen aufgesetzt, und endlich wenn er gar ausgedörret, auf den Boden getragen. Man nennet diese Art der Feuerung Didden; einer verkauft sie dem anderen, und man kriegt 20 solche Stücke vor einen Schilling.

Die Kuhfladen auf dem Felde, werden paarweise zusammen gesetzt, um zu trocknen, und steht es überall voll solcher kleinen Misthügel. Der Schafmist wird fleißig aufgesammelt, als wenns lauter Goldstücke wären, und endlich alles mit großer Sorgfalt nach Hause getragen. Ein jeder hat sein eigen abgemessenes Stück Land auf welchem er den Koth einsammeln mag, und darf von Rechtswegen nicht weiter kommen; weil aber geizige Leute oft weiter um sich greifen, so entsteht hierüber manche Zwistigkeit, und kann man alsdenn erst in recht eigentlichem Verstande sagen, daß sie um einen Dreck streiten. Zuweilen nimmt auch die Fluth allen ihren gedörrten Koth hinweg, wo sie nicht in der Eile retten, was noch zu retten steht. Diese vorgeschriebene Art der Feurung gebrauchen alle Einwohner unserer Insel. Die Vornehmsten aber kaufen auch etwas Holz, und lassen sich von den Evers einigen frischen Torff zuführen, welches wir alles wegen der Fracht sehr theuer bezahlen müssen."

Abbildung 4: Trocknen der Mistbriketts auf dem Festland in Nordfriesland

Eingehend und in mehreren Veröffentlichungen haben sich Häberlin (1906) sowie Konietzko (1930) mit dieser Frage beschäftigt. Man kann vier Arten von Zubereitung des Brennstoffes unterscheiden. Die sogenannten Didden, von denen oben Lorenzen schon gesprochen hat, wurden auch noch in jüngster Zeit in der gleichen Weise zubereitet. Das Material war der gesamte Kot, ohne Stroh, der im Winter

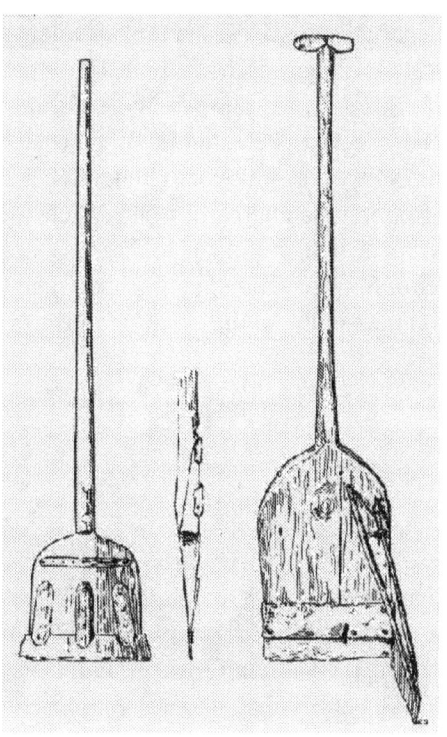

Abbildung 5: Diddenspaten in unterschiedlicher Ausführung (nach Konietzko)

angefallen war und in einer Grube aufgehoben wurde. Anfang April werden in der oben beschriebenen Weise die Abhänge der Warfthügel mit dem Material bedeckt (Abb. 4), die Frauen ziehen sich eine Art Strümpfe an, die mit Ledersohlen versehen sind und verteilen und stampfen die Masse gleichmäßig. Wenn sie nach einiger Zeit so weit trocken geworden ist, daß ein halbwüchsiges Kind darüber laufen kann, ohne einzubrechen, geht man ans Ausstechen der Briketts. Hierzu hat man zwei verschiedene Modelle von Werkzeugen (Abb. 5). Das eine hat die Form eines Holzspatens mit angesetzter Schneide aus Eisen, das andere weist insofern eine Verbesserung auf, als es noch eine zweite im rechten Winkel angesetzte Schneide hat, so daß zum Abstechen des Diddens nur zwei Stiche nötig sind. Die fertigen Briketts werden mit der Unterseite nach oben gekehrt, um auch hier trocken zu werden und schließlich zum Nachtrocknen in Reihen aufgesetzt. Wenn sie ganz trocken sind, bringt man sie in Körben auf den Dachboden, wo sie in den Winkeln unter dem Dach kunstvoll verstaut werden. Vom Dachboden geht ein Holzschacht (*Diddenloch*) nach der Küche hinunter und mündet dicht neben dem Herd.

Da zur Zeit der Leerung der Kotgrube das Vieh noch weiter im Stall ist, der althergebrachte Termin für den Austrieb ist der sogenannte Altmai (früher der Beginn des Monats, nach der Gregorianischen Reform aber erst der 12. Mai), so fällt noch weiterer Kot an. Dieser wird späterhin ausgefahren und in einzelnen Klecksen auf das Warftland verteilt, mit dem Reiserbesen flachgeschlagen, so daß Scheiben von 1 cm Dicke und 20 cm Durchmesser entstehen. Nach dem ersten Trocknen werden sie kartenhausartig aneinandergelegt, danach in Geldrollenform aufgestellt und schließlich mit den Didden auf den Dachboden geschafft.

Nach der Heuernte wird auch Kuh- und Schafdünger auf dem Weideland eingesammelt, nachdem es an Ort und Stelle von der Sonne getrocknet ist. Dies Material ist wesentlich lockerer und wird daher zum Feueranzünden benutzt.

Eine weitere Art von Brennstoff ergibt sich aus dem Schafmist, der im Stall anfällt, wenn die Tiere zur Lammzeit und bei besonders schlechtem Wetter im Winter dort untergebracht werden. Dieser Dung wird im Winter auf dem Warftland zu einem großen Haufen zusammengeworfen, im Frühjahr auseinandergestreut und nach dem Trocknen ebenfalls auf dem Dachboden untergebracht. Der friesische Herd und Backofen ist ganz für die Verwendung des einheimischen Brennstoffes eingerichtet. Meist wird vom Herd aus auch noch der Stubenofen beschickt, der in der Stube keine Öffnung hat. Das beste Feuer ergeben die langsam brennenden Didden. Über Nacht halten sie die Glut, sie werden deshalb abends mit Asche bedeckt. Braucht man stärkeres Feuer, so wird es mit einem Feuerfächer aus Gänsefedern angefacht. Früher benutzte man zur Heizung der Wohnräume auch einen beweglichen *Grapen* aus Eisen, der mit Glut gefüllt war, mitunter aber unangenehmen Qualm verursachte. Dieses Gerät erinnert stark an die im Orient gebräuchlichen Kohlenbecken, Feuertöpfe oder den mongolischen *tagan* (s. S. 39). Bezüglich der Einzelheiten über die Heizsitten auf den Halligen muß auf die erschöpfenden Arbeiten von Häberlin (1906) und Konietzko (1930) verwiesen werden.

Ähnliche Angaben finden sich bei Camerer (1758/62) von Pellworm und dem nordfriesischen Festland.

1.4 Ostfriesland

Schon Plinius[1] berichtet in seiner berühmten *Historia naturalis* von dem germanischen Stamm der Chauken, die im Mündungsgebiet von Elbe und Weser siedelten. Um sich vor den Fluten des „unermeßlichen Ozeans, die zweimal am Tag heranbrausen und wieder zurückebben", zu retten, errichteten die Chauken ihre Hütten auf hohen Hügeln, die sie künstlich aufwarfen. Er schreibt auch, sie hätten kein Vieh und daher keine Milch gehabt, natürlich auch keine Feldfrüchte, und nur vom Fischfang gelebt. Ihre Netze knüpften sie aus Tang und Binsen.

„Den mit den Händen aufgenommenen Kot lassen sie mehr durch den Wind als durch die Sonne trocknen. Sie brennen Erde, um ihre Speisen und ihre vor Nordlandskälte starrenden Eingeweide zu wärmen. Kein anderer Trank labt sie als Regenwasser aus einer Grube im Vorraum ihres Hauses. Und diese Völker sagen, wenn sie vom römischen Volk unterworfen werden, man würde sie zu Sklaven machen!"

Plinius nennt die Chauken eine *misera gens*, was man vielleicht mit armseliges oder auch bemitleidenswertes Völkchen übersetzen sollte.

Der Begriff *lutum*, der oben mit *Kot* übersetzt ist, hat zu der Frage Anlaß gegeben, woher dieser gekommen sein sollte, sofern die Chauken kein Vieh hatten. Man versuchte deshalb, *lutum* auch mit *Dreck* oder *Torf* zu übersetzen. Das ist aber oben schon geschehen, wenn man *terra* gleich *Erde* oder *Torf* setzt. Die Chauken haben also vermutlich Torf *und* Mist gebrannt. Man hat auch an der Nordseeküste Wurten ausgegraben, die aus den ersten vor- und nachchristlichen Jahrhunderten stammen und zu deren Befestigung Lagen von Mist eingefügt sind. Die „Feddersen-Wierde" (s. a. Seite 56) an der Unterweser nördlich Bremerhaven ist etwa 4 m über NN im Mittel hoch und 4 ha groß. Die Ausgrabungen zeigten, daß die Angabe von Plinius, die Chauken hätten kein Vieh besessen, also kaum glaubwürdig ist. Die Wohn- und Lebensgewohnheiten der Chauken waren sicher ganz ähnlich wie die der heutigen Friesen, was auch Häberlin (1906) annimmt, wenngleich es fraglich ist, ob es Halligen in der heutigen Form damals gegeben hat.

Aus neuerer Zeit gibt es eine Nachricht von Röbbelen (1844) der in den vierziger Jahren des 19. Jahrhunderts das nördliche Budjadingen erwandert hat:

„...Ich hatte vielfältig die Gelegenheit, namentlich bei den geringeren Leuten, die eigenthümliche Verschaffung des hier sonst so theuren und schwer zu verschaffenden Brennmaterials mit anzusehen. Diese Klasse von Leuten bereitet sich dieses Bedürfnis aus dem, ohne Stroh vermischten Koth des Rindviehes, welchen sie, während der winterlichen Stallfütterung in Gropen sammelnd, zu diesem behuf auf bewaren, in dem der fette Kleiboden dessen nicht so sehr als Düngungsmittel bedarf. ..."

---

[1]Caius Plinius Secundus, allgemein als *Plinius* bekannt, war ein römischer Marineoffizier, der als Steckenpferd das Wissen der damaligen Zeit in 37 Kapiteln (*libri*) seiner „Historia Naturalis" zusammentrug. Er lebte von 23–79 nach Christus und kam beim Vesuvausbruch dieses Jahres ums Leben. Hier ist die Ausgabe der „Historia Naturalis" zitiert, die im Jahr 1741 in Paris im Verlag der Societas Jesu erschienen ist. Was Plinius in diesem Werk berichtet, hat er von vielen anderen Autoren übernommen (u. a. auch von Diodorus Siculus, der hundert Jahre vor ihm gelebt hat).

Die Trocknung und weitere Verarbeitung des gesammelten Materials ist ganz ähnlich wie in Nordfriesland.

1.5 Britische Inseln

Da die östlichen Nordseeanrainer Tierkot zum Heizen und Feuern benutzten, so muß man auch in England und auf den britischen Inseln gleiches erwarten. Allerdings ist in England schon früh die Steinkohle als hauptsächliche Energiequelle erkannt worden, doch ihr Transport in abgelegene ländliche Gegenden machte Schwierigkeiten, bis die Eisenbahn das Problem löste. So konnte sich in holzarmen Gegenden die Verwendung von Haustierkot länger halten. Noch aus der Mitte des 18. Jahrhunderts haben wir Belege aus Hollwell/Sommersetshire, südlich des Bristolkanals, über „Kuhdung für Heizung bei den ärmeren Leuten" (Davies, 1795). 70 Jahre früher schreibt Laurence in einer Art Leitfaden für die Landwirtschaft: „Der Gutsverwalter (*steward*) muß darauf achten, daß die Pächter keinen Dünger in Haufen sammeln um ihn erst zu trocknen und dann zu verbrennen, wie dies in Yorkshire und Lincolnshire geschieht (wo Kohle recht knapp war). Das wäre zum nicht geringen Schaden und Nachteil für den Hof." — Auch in einem Pachtvertragsentwurf wird dies ausdrücklich verboten und eine hohe Strafe für Zuwiderhandelnde festgesetzt. Young (1771), der in den sechziger Jahren des 18. Jahrhunderts Ostengland bereiste und als Landwirt die Augen offenhielt, beklagt den Schaden der dem Ackerland durch Entzug des Düngers entstand und zeigt sich dementsprechend empört.

Auf der Inselwelt rund um Schottland war Mist als Brennstoff sicherlich in früheren Zeiten verbreitet. Ich fand nur einen Beleg von dem kleinen Eiland Heiskir, westlich der Hebrideninsel Nord Uist (Martin, 1703). Die Brennstoffarmut zwang zu jeder Art von Ersatzstoffen, so auch Stroh, Tang und Torf.

In Irland war die Bevölkerung durch die Ausbeutung seitens der Grundbesitzer so arm, daß die Ärmsten nicht einmal genug Torf kaufen konnten, von dem an sich große Lager vorhanden waren. Da die Irland betreffende Literatur schwer zugänglich ist, war Lucas (briefl. Mitt. 1958) so freundlich, mir alles Wissenswerte auszuziehen. Seinem Brief sei folgendes entnommen:

„... der Gebrauch (des Düngers) kann bis in das 17. Jahrhundert zurück nachgewiesen werden. Ich weiß keine früheren Hinweise, aber ich denke, daß es in der Frühzeit und im Mittelalter, als die Gebiete noch dicht bewaldet waren, kaum gebräuchlich war, außer in ausgesprochen baumlosen Gegenden, wo kein Torf zur Verfügung stand. In den Zeiten, als das Holz noch reichlich war, mag der Dung außerdem zu Kochzwecken für spezielle Sachen genommen worden sein. Wenn ich es auch noch nicht als Heizmaterial gesehen habe, so habe ich doch schon getrockneten Kuhdung bei einigen Gelegenheiten brennen sehen und ich habe den Eindruck gehabt, daß es die Art gleichmäßiger Hitze gibt, die man benötigt, um Brote auf Steinen oder Eisengrills zu backen, die, wie wir wissen, in der frühchristlichen Zeit und im Mittelalter gebraucht wurden. Die geschlossenen Öfen aus Ziegel oder Lehm, wie sie auf dem Kontinent üblich waren, sind ganz unbekannt in Irland, außer einer verhältnismäßig neuen Einführung mit sehr eingeschränkter Verbreitung. Am ausschließlichsten wurde der Dung wohl auf den Arran-Inseln, die der Westküste Irlands vorgelagert sind, zu Heizzwecken benötigt. Hier wurde er auch geformt und an den Hauswänden getrocknet. Heute hat der Gebrauch wohl völlig aufgehört."

Die Berichte einer Parlamentskommission über die ökonomische Lage der ärmeren Bevölkerung Irlands in den dreißigerjahren des 19. Jahrhunderts enthalten Belege über das Verfeuern von Dung (zusammen mit anderen organischen Abfällen) in fast allen irischen Grafschaften.

1.6 Island

Island war zur Landnahmezeit mit üppigen Wäldern bedeckt, doch zwang deren rücksichtslose Vernichtung in den folgenden Jahrhunderten schließlich die Einwohner, mit einem Minimum von Holz beim Hausbau auszukommen. Man behalf sich mit Rasensoden und verlegte die Wohnungen halb in die Erde. Auch an Brennstoffen mangelte es. Wo kein oder zu wenig Torf gewonnen werden konnte, wäre die weitere Besiedlung beim rauhen Klima eine Unmöglichkeit geworden, wenn sich nicht als Ausweg die Verwendung des Rinder- und Schafmistes ergeben hätte (Schönfeld, 1902; Olavius, 1780). Auf einigen Inseln, wo man kein Vieh hatte, mußte man sich mit Fischabfällen und getrocknetem Tang behelfen, selbst die Körper von Seepapageien und Sturmvögeln, aus denen man die besten Fleischstücke herausgeschnitten hatte, wurden getrocknet, wenn vorhanden mit Rinderkot vermischt und wanderten in das Herdfeuer (Pajkull, 1867). Da Island seit Jahrhunderten viele Reisende anzog, und wir daher eine Reihe guter Landbeschreibungen haben, so sind wir auch über unsere Frage wohl unterrichtet. Es ist kaum zu beantworten, ob das Heizen mit Mist erst aus der Not heraus von den Isländern selbständig erfunden wurde, ob sie es auf ihren weiten Seefahrten, die sie auch an die Gestade des Mittelmeeres führten, kennengelernt haben oder ob sie etwa schon in ihrer alten Heimat Norwegen damit vertraut gewesen sind. Dieser letzten Ansicht neigt Eldjárn (briefl. Mitt. 1958) zu, der darauf hinweist, daß in den westlichen und nördlichen Küstengebieten Norwegens schon immer ein gewisser Holzmangel geherrscht hat und daß also damit zu rechnen wäre, daß sie von Anfang an mit dieser Art Feuerung vertraut waren. Fesselnd ist die Schilderung, die Olafsen (1774) über die Gewinnung des Heizmaterials in Island überliefert hat:

„In Island bereitet man den Mist auf folgende Weise: der frische Kuhmist wird auf einer Karre oder auf einem Schlitten auf das Feld hinausgeführt und auf der Erde mit einem kleinen Spaten aus Walfischbein zu runden Kuchen gestaltet, die im Frühling trocknen. Wenn das Gras zu wachsen anfängt, stößt es die Kuchen (auf Isländisch *Kliningur* genannt) von der Erde los, alsdann kehrt man sie um, damit sie auf der anderen Seite trocknen können, da sie denn weiß und leicht werden. Endlich führt man sie nach Hause, und stapelt sie in dazu gemachten kleinen Häusern, *Elldividar*-Haus genannt, auf. Denn obschon die Erde dadurch die besten Säfte der Dünger in sich zieht, so verlieren doch die Rasen den Teil davon, der das Erdreich vermehren, und an klippigen Stellen dicker machen sollte. Eine andere Feuerung dieser Art ist *Saudatad*; dieser wird in den Schafställen gesammelt, wo der Mist durchs Treten der Schafe sich zusammenpackt und durch die Wärme, weil die Tiere nachts darauf liegen, zu einer harten Rinde wird. Diese kann ein Schuh und darüber dick sein, je nachdem, wie lang die Schafe in den Ställen liegen. Die Rinde besteht wieder aus verschiedenen Lagen, jeweils ungefähr einen Zoll in der Dicke. Im Frühling, wenn die Schafe nicht mehr in die Häuser kommen, schneidet man diese Rinde in Quadrate $\frac{3}{4}$ bis 1 Schuh groß, und diese Stücke werden hernach in ein bis zwei Zoll dicke Scheiben gespalten, die gegeneinander je zwei und zwei auf dem Feld aufgerichtet und solcherart getrocknet, schließlich in den Holzhäusern aufgestapelt werden. Diese Feuerung gibt viel Wärme, kracht aber zuweilen von Salpeter: der Rauch ist sehr stark und säuerlich und die Schafwolle, die darinnen steckt, macht ihn noch unangenehmer. Der Schafmist, der entweder oben los liegt und täglich ausgeführt wird, oder die unterste Lage, welche los oder nur wenig zusammenhängend ist, wird in Misthaufen für sich gesammelt und zur Düngung gebraucht. Gegen die angeführte Behandlung des Schafmistes haben gute erfahrene Landleute dasselbe als gegen *Kliningur* einzuwenden."

In ähnlicher Weise, doch nicht so ausführlich schildern Mohr (1786) und Pajkull (1867) das Verfahren, welches Mohr vom landwirtschaftlichen Standpunkt aus, heftig tadelt, da die Düngung der Ländereien durch Entziehung des Mistes zu kurz kam.

1.7 Frankreich

Aus Flandern, einer früh zu Wohlstand gekommenen Gegend, konnten aus historischer Zeit keine Belege für unser Thema gefunden werden. Dafür gibt es zwei Gründe: Erstens haben die dortigen Bauern dem Haustiermist immer viel Wert beigemessen. Sodann gab es in Flandern zureichendes Brennmaterial an Torf, getrockneten Soden und Holz.

Jedoch ist an der französischen Kanal- und Atlantikküste das Verwenden von Kuhdung zum Brennen belegt. Prof. Michel de Bouard von der Universität Caen gab eine schriftliche Mitteilung die nachstehend von mir übersetzt ist.

„Vor 50 Jahren benutzte man noch in der Normandie die Exkremente des Viehes (genau gesagt, den Kuhmist) um Feuer zu machen. Die armen Leute brauchten diesen Brennstoff für sich selber und sammelten ihn auch manchmal zum Verkauf. Arme Frauen durchstreiften die Felder, sammelten die trockenen Kuhfladen oder formten gar aus den frischen Fladen Kuchen, auf welche sie ein Zeichen machten (eine Art Fabrikmarke) um sie wiederzuerkennen. Dann ließen sie sie auf dem Feld oder der Weide trocknen. Manchmal brannte man diese trockenen Fladen auch zusammen mit Buchweizenstroh. Die Asche war, in diesen armen Gegenden, ein sehr kostbarer Dünger. Zum Beispiel stellten die armen Leute, etwa 1820, in der Gegend von Bayeux, wo die Entwicklung der Weidewirtschaft beträchtlich war und die Viehhaltung zahlreich, diese Düngerasche her und verkauften sie in der Gegend von Vire, die damals viel ärmer war." (de Bouard bezieht sich auf Pluquet und Guéroult, die ich leider nicht einsehen konnte).

Abbildung 6: Mistkuchen zum Trocknen aufgestellt: südliche Vendée, 25 km NW von La Rochelle, 5–10 km von der Küste (Foto: W. Duve, Bad Harzburg, 1959)

In der Bretagne um Morbihan und in der Vendée südlich der Loire-Mündung haben noch in jüngster Vergangenheit Augenzeugen das Heizen mit Mist erlebt. Bezüglich der Bretagne schreibt Buffet (1947): „Man verwendet das Kleinholz von Hecken, die unteren Zweige der Kiefern, deren Früchte prasselnd zerplatzen und die knorrigen Stämmchen der großen Stechginster. Im L'Arvor bediente man sich lange Zeit von Ploemeur bis Damgan und besonders auf den Inseln für die Küche nur der Kuhfladen oder des Schafmistes, welche mit Wasser angerührt und zu Kuchen geknetet *Krampoeh Kauh Seud* genannt wurden ... (Abb. 6). Dieses Material brannte langsam und verbreitete einen starken Geruch, den Fremde nur schlecht ertragen konnten."

In der Marais (Moorgegend) der Vendée hat man sich, als Pittioni (1943) im letzten Krieg diese Gegend besuchte, solche Mühe nicht gemacht. Man nahm die Rinderfladen so, wie sie auf der Weide anfielen und stapelte sie, wenn sie trocken waren, unter dem Strohdach eines offenen Schuppens (Abb. 7) auf. Der beigegebenen Abbildung zufolge scheinen die Fladen erst noch breitgeschlagen worden zu sein. Die Gegend ist nahezu baumlos und Brennholz scheint von alters her nicht in größerem Umfang eingeführt worden zu sein.

1.8 Spanien

Aus Spanien zitiert Steiner (briefl. Mitt. 1959) Informationen, die er von Herrn Antonio Higeras bekommen hat.
„... Sicher wird auch heute noch in allen Nordspanischen Provinzen der Mist von Haustieren, vor allem der Schafe, von den Hirten zum Heizen verwendet, wenngleich diese Gewohnheiten nicht mehr so häufig

Abbildung 7: Strohgedeckter Schuppen mit getrockneten Kuhfladen (nach Pittioni)

sind wie früher. Vor allem in der Provinz Jaca, in den Pyrenäen, wird es in den weniger erschlossenen Gebirgsdörfern praktiziert. Auch in der Nordwestecke Spaniens (Galicia) scheint dies noch allgemein der Brauch zu sein. Nach Aussagen dieses Herrn wird der Mist in unmittelbarer Nähe des Wohnhauses (=primitive Steinhütte) gestapelt, getrocknet und als Heizmaterial verwendet. ...

Wenn man bedenkt, daß heute noch in den Außenbezirken der Hauptstadt Madrid die außerordentlich armen Bewohner allenthalben die Müllreste und Asche nach nur irgendwie Brennbarem und Brauchbarem wie die Hunde durchwühlen, so scheint es mir sehr wahrscheinlich, daß in den meisten Provinzen Spaniens der Mist der Haustiere als Heizmaterial verwendet wird. ... "

1.9 Alpenländer

Von hier wenden wir uns einer ganz anderen Landschaft zu, den Hochtälern der Alpen, die in früheren Zeiten fernab vom Verkehr lagen. Hier, wo nur Viehzucht getrieben wurde und die Weiden über der Baumgrenze, die Siedlungen hart an derselben lagen, mußte man mit dem vorhandenen, nur langsam nachwachsenden Wald sehr ökonomisch umgehen. So hat auch hier die Notwendigkeit, Brennholz zu sparen, den Rückgriff auf den Mist erzwungen.

In Savoyen und der Dauphiné wird der Mist in ähnlicher Weise gebraucht. Goldstern (1922) schreibt über Bessans in Savoyen, wo übrigens noch lange recht ursprüngliche Wohnsitten herrschten. Man hatte dort sogenannte Stallwohnungen, in welchen Menschen und Vieh nicht nur unter einem Dach lebten, sondern nicht einmal durch Wände voneinander getrennt waren.

Was die Erwärmung der Stallwohnungen betrifft, so kommt in erster Linie die Körperwärme des darin befindlichen Viehes in Betracht, die, wenn der Raum entsprechend klein ist, allein ausreicht, um denselben konstant warm zu erhalten.

„Wenn wir nur 2 bis 3 Kühe und 1 Esel im Stall haben, kann uns die Kälte nichts antun" pflegen die Bessaner zu sagen. Holz wird infolge der ganz spärlichen Bewaldung dieser Gegend gewissermaßen als Luxusartikel betrachtet.

Gegen den Holzmangel hilft man sich in der Weise, daß man auch tierische Exkremente als Brennmaterial verwendet. In Bessans selbst benützt man zu diesem Zweck hauptsächlich Schaf- und Ziegenmist, der im Viehstand dieser Tiere zu einer kompakten Masse zusammen getreten und womöglich ohne Beimengung von Stroh in würfelförmige Stücke (*blejches*) geschnitten wird. Man besorgt diese Arbeit gewöhnlich im Winter. Im Frühling legt man die *blejches* auf die Lauben (Galerien) und läßt sie dort bis zum Herbst trocknen. Diese Mistbriketts, die allerdings beim Verbrennen einen üblen Geruch verursachen, haben den

Abbildung 8: Häuser im Averser Tal mit der Laubenfront nach Süden ausgerichtet (Foto: R. Wildhaber)

Vorzug, die Glut lange zu erhalten und werden daher im Winter viel benutzt. Der Kuhmist, der wegen seines besonders üblen Geruches beim Verbrennen in Bessans nur ungern verwendet wird, bildet beinah das ausschließliche Brennmaterial auf den Alpen und in den hochgelegenen Weilern (Averole). Er wird hier nicht in Würfel geschnitten, sondern durch Aufklatschen kleiner Mengen auf Felsen und Dächer fladenförmig gestaltet.

Kuhmist wird nach Dachler (1907) auch in Briançon an der Grenze der Dauphiné nach Piemont gebrannt.

Recht ursprüngliche Verhältnisse fand Giese (1932) in einem anderen Gebiet der Dauphiné, nämlich im Romanche-Tal:

„Als Feuermaterial dient im Romanchegebiet Mist, der zu Mistbriketts getrocknet und vor dem Haus, bzw. auf der Galerie aufgespeichert wird. Zum Trocknen werden die Kuhfladen einfach an die Häuserwände geklatscht oder auf das Dach oder die Fenstersteine gelegt. Man macht einen Unterschied zwischen den viereckigen Briketts aus Schafmist und den leichter brennenden fladenförmigen Briketts aus Kuhmist."

In vier Tälern der Schweiz (Avers, Splügen, Prättigau und Urseren) hat Goldstern (1922) noch gesehen, wie man den Schafmist in Würfel schnitt und bis zur Verwendung in den Lauben trocknete.

Aus dem Averser Tal gibt es eine alte Schilderung darüber von Sererhard nach der Neuausgabe von Vasella (1944):

„Es wachst wohl auch in Avers noch etwas weniges Holz, aber nicht zum verbrennen, es wird nur per Raritaet beschirmt, und raro etwas weniges zum bauen genommen. Danach sie auch desto sparsammer mit dem holz gleichwie mit dem Brod umgehen. Das Holz zu ersparen haben sie desto kleinere Stuben, und in denselben desto weniger oder ganz kleine Tagliechter oder Fenster wegen der scharfen Lüften und langen Winters. Über dieses haben sie zur Holzspahrung eine Invention, von dergleichen man sonst im ganzen Land nichts höret und daher notabler ist, namlich sie samlen den salvo honore Schaafmist und formiren daraus proportionirte Stök, legen solche in der Ordnung etwann unter ein Stall-Gebäu und an den Seiten ihrer Häusern hin wie ein Holzbeigen, lassen solche über Sommer austrocknen, nachgehends verbrennen sie selbige zur Winterszeit mit ein wenig beygelegtem Holz in den Stuben-Öfen anstatt Turben, und rühmet man absonderlich die davon gemachte Aschen wegen ihrer kräftigen Würkung vor allen anderen Aschen aus."

Was es mit der kräftigen Wirkung der Asche auf sich hat, verstehen wir durch die Erklärung, die Stoffel (1938) gibt:

Abbildung 9: Gespaltene Schafmistblöcke in Avers-Cresta zum Trocknen gestapelt (Foto: R. Wildhaber)

Abbildung 10: Schafmistblöcke vor der Weiterverarbeitung (Foto: R. Wildhaber)

„Von der Schafmistasche gibt es eine vorzügliche Lauge für die beiden Hauptwäschen im Frühling und im Herbst. Früher wurden sie (aus dem Averser Tal) nach Stalla und auch nach Ambeer getragen und dort gegen Lebensmittel eingetauscht."
Stoffel hat im übrigen die Gewinnung des Brennstoffes eingehend erläutert. Die Schafe werden in eine Art Laufstall eingesperrt, der sogenannten Schofchroma. Hier können sie sich frei bewegen und treten ihren Mist dabei fest.
„Ist die Lage zu trocken, wird sie von Zeit zu Zeit ein wenig angefeuchtet. Die Schicht wächst, und wenn sie eine Höhe von annähernd 30 cm erreicht hat, wird gemistet. Mit dem Schroteisen werden Blöcke geschnitten in der Größe von etwa 30 x 30 cm. Diese trägt man vor den Stall, wo sich oberhalb der Türe an der dünnen Holzwand im Schutz des Vordachs die Lauben befinden. Die Würfel werden in Blätter von 5–7 cm Dicke gespalten und diese sorgfältig auf den Lauben aufgeschichtet. Erst nach einem Jahr sind diese *Schofmistbletscha* genügend ausgedörrt und können mit etwas Holz zum Heizen verwendet werden." (siehe Abb. 9 und 10).

Vielfach sind Uneingeweihte der irrigen Ansicht, daß Schafmistfeuerung in den Stuben einen schrecklichen Gestank erzeugen müsse. Wenn jedoch der Ofen und Rauchabzug gut sind, so spürt man in der Stube rein nichts; tritt aber Rauch in dieselbe, so ist der Schafmistrauch nicht unangenehmer als derjenige von Torf oder Kohlen. Auch wird gesagt, der Mist gehöre als Dünger auf die Wiesen und nicht in den Ofen. Einverstanden im allgemeinen; aber hier zwingt der große Holzmangel dazu und dann gewinnt der Averser so viel Dünger von dem vielen Heu von den Bergwiesen, daß er für die Düngung der Fettwiesen immer noch genügend hat.

Wildhaber (1950) hat dem Schafmist im Averser Tal eine ausführliche Darstellung gewidmet, auf die hier verwiesen sei.

1.10 Ungarn

In der ungarischen Pußta wurde der Mist z. T. so verwendet, wie er auf der Weide anfällt, indem nur die trockenen Fladen eingesammelt wurden. Es ist jedoch auch ein höher entwickeltes Verfahren bekannt: Mit Hilfe eines hölzernen Rahmens (Abb. 11) wurde der Mist ähnlich wie Lehmziegel geformt. Es kam auch vor, daß er an die Wand der Hirtenhütte geklebt wurde, von wo man ihn nach dem Trocknen abräumte.

Abbildung 11: Rahmen zum Formen der Mistziegel

Aus dem Schafstall pflegte man den Dünger, der von den Tieren festgetreten wurde, jährlich ein- oder zweimal herauszuholen. Bei dieser Gelegenheit schnitt man ihn zu passenden Stücken. Diese Angaben stammen aus der großen waldlosen Ungarischen Tiefebene. Eben hier kam es vereinzelt unlängst noch vor, daß die Bauern sich solches Heizmaterial, genannt *Tözeg*, zubereiteten. In diesem Falle sammeln sie den guten, mit Stroh vermengten Dünger in einen besonderen, sorgfältig aufgeführten Haufen, getrennt vom schlechteren, der zum Düngen verbraucht wird. Das im Winter angesammelte Material wird gegen Ende des Frühjahrs reif zur Bearbeitung. Es sind da zwei Methoden bekannt. Bei der einen wird der Dünger, wie oben, in einen hölzernen Rahmen mit den Füßen eingetreten (Abb. 12, 13), bei der anderen wird er ebenfalls mit den Füßen sorgfältig gestampft und hernach mit einem Spaten auseinandergeschnitten. Die einzelnen ziegelartigen Stücke werden in der Sonne getrocknet, dann in Stapeln zusammengelegt. Man feuert damit im offenen und geschlossenen Herd, sowie im Backofen (vgl. Seite 61). Hier muß Stroh dazugegeben werden, weil die Ziegel nur eine niedrige Flamme haben, welche die hohe Wölbung des Ofens nicht genügend erhitzt. Die Ziegel brennen lange, geben aber keine starke Hitze (Ditz, 1867; Ecsedi, 1914; Gunda, 1951; Györffy, 1910; Tálasi, 1936).

1.11 Balkan und Kreta

Ein rumänischer Volkssplitter, die Aromunen, welche nach Mazedonien verschlagen wurden und sich dort inmitten fremden Volkstums lange Zeit ihre Eigenart erhalten haben, trockneten noch 1916 Mistfladen an Hausmauern für den Winter. Schultze Jena (1927) sah dies im Dorfe Konjsko im Mazedonischen Zentralgebirge. Die dortige Bevölkerung treibt zwar Ackerbau, besteht aber zum großen Teil aus Wanderhirten, die im Sommer mit ihren Herden auf die Gebirgsweiden hinaufziehen. Da in jener Gegend kein Mangel an Holz herrscht, so wird man annehmen können, daß die Aromunen diese Sitte in einer anderen Gegend angenommen haben.

Während des letzten Krieges konnten deutsche Fallschirmjäger das ungewohnte Brennmaterial unter Anderem im Ostteil der Insel Kreta kennenlernen (Tietjen, mdl. Mitt. 1954), wo Brennholz wie im ganzen Mittelmeergebiet recht knapp und teuer war.

1.12 Russisches Reich

Gute Nachrichten über die Verhältnisse im russischen Reich brachte der Naturforscher Pallas (1771/76), der im Auftrage der Petersburger Akademie in den Jahren 1768–74 eine Forschungsreise unternahm, die ihn bis nach Sibirien führte. Wenn er sich auch über unseren Gegenstand wenig äußert, so machte er doch bei den Kalmücken am Jaik bei Jaizkoi Gorodok eine merkwürdige Beobachtung über das Räuchern von Fellen:

„Zu dem Ende wird in einer kleinen Grube ein geringes Feuer angezündet und darüber faules, trockenes

Abbildung 12: Einstampfen des Mistes in den Rahmen

Abbildung 13: Aufsetzen der frischen Mistziegel zum Trocknen (Abbildungen 11–13 sind Zeichnungen von Frau Zicsi Andrásné, Budapest)

Holz, getrockneter Mist und dergleichen raucherweckende Dinge geworfen. Am dienlichsten zu dem Endzweck wird der Schafmist gehalten."

Gefäße aus Leder werden ebenfalls durch Räuchern haltbar gemacht. Pallas (l.c.) fügt hinzu, daß das Brennmaterial sehr kostbar ist.

Petzholdt (1851), der vor hundertfünfzig Jahren Russland bereiste, stellte fest, daß durchaus auch die Russen selbst in einigen Gegenden zu diesem Brennstoff ihre Zuflucht nehmen mußten, z. B. im waldarmen Süden des damaligen Gouvernements Tambow:

„Zu diesem Zwecke wird das Stroh, wenn man es nicht ohne weiteres in den Ofen steckt, wie oft geschieht, mit Mist gut gemengt, wozu man sich der Pferde bedient, die auf dem im Hofe aufgefahrenen Gemenge herumgeritten werden, bis alles möglichst gleichmäßig zerstampft ist. Hierauf sticht man mittels einer Schaufel oder eines Spatens aus dieser Masse quadratische Stücke aus und läßt sie unter häufigem Umsetzen im Freien während des Sommers trocknen. Die getrockneten, etwa 1 Quadratfuß großen und 6–8 Zoll dicken Stücke verwahrt man dann für den Wintergebrauch unter dem *Nawes* (überdachter Hofraum) des Gehöftes."

Cech (1878) nennt damals 15 südrussische Gouvernements, wo dieser Brennstoff, der sog. *Kisjak*, hergestellt und auch verkauft wurde. Er gibt auch die damaligen Preise und verschiedenen Qualitäten an. Die Zubereitung schildert er wie folgt:

„Was die Erzeugung des *Kisjak* betrifft so wird der sorgfältig gesammelte überwinterte Viehdünger in dünner Schicht auf den Boden ausgebreitet. Nachdem man denselben mit Wasser begossen hat, wird er zu einem gleichartigen Brei verknetet. Diese Arbeit verrichten, ähnlich wie beim Dreschen des Getreides, einige Pferde. Der durch die Pferdehufe hinreichend durchgeknetete Düngerbrei wird hierauf in hölzerne Formen gepresst, worauf die fertigen Ziegel an der Luft getrocknet werden. Hier und da wird das Durchkneten des Düngers umgangen, indem man denselben nur mit Wasser anfeuchtet und sogleich formt. Solche Dungziegel haben jedoch den Nachteil einer geringeren Festigkeit, sie bröckeln sehr leicht ab oder zerfallen vollends. Die frisch gewonnenen Ziegel werden entweder auf dem Erdboden oder auf Dächern zum Trocknen ausgebreitet, wobei man dieselben zuerst flach und dann je zwei auf die Kante stellt und mit einem dritten bedeckt. Haben die Ziegel durch die Lufttrocknung hinreichende Festigkeit erlangt, werden sie in Pyramiden geschichtet, wobei jedoch behufs vollkommener Austrocknung auf hinreichenden Zutritt von Luft durch Zwischenräume Rücksicht genommen werden muß. Der *Kisjak* wird entweder in den Bauernhöfen oder ausserhalb menschlicher Ansiedlungen erzeugt. Er kommt, wie anderen Orts Torf und Briquet, in den Handel und hat infolge seiner Zusammensetzung aus vegetabilischer und erdiger Masse das Aussehen lockeren Stichtorfes. Der russische Dungziegel findet in großartigem, durch die Statistik kaum zu kontrollierendem Maßstabe als Heizmaterial allgemeine Verwendung in Südrussland."

In der Ukraine war das Bereiten solcher Brennstoffziegel aus Mist bis in den 2. Weltkrieg hinein üblich. Sowohl Glathe (mdl. Mitt. April 1955) wie auch Stael von Holstein (mdl. Mitt. März 1958) bestätigen dies (Abb. 14). Schröter (mdl. Mitt. Juni 1957) beschreibt das Verfahren aus der Gegend von Kriwoj Rog. „Rinderkot wird mit Stroh vermischt und in viereckige Rahmen, die mehrfach unterteilt sind, eingedrückt. Beim Anheben des Rahmens fallen die ziegelförmigen Stücke heraus, werden an der Luft getrocknet und später zum Errichten von Hausmauern und Wänden gebraucht. Dabei verwendet man frischen Dung als Mörtel."

Andernorts in der Ukraine, besonders in mohammedanischen Gegenden, wird der Dung in runden Fladen wie im ganzen Orient an den Mauern zum Trocknen aufgeklebt (Abb. 15).

Die Russen im südlichen Sibirien haben das Heizen mit Mist wahrscheinlich von den dortigen Steppenvölkern übernommen (Raitzyne, 1930). Dagegen wird in den waldreicheren nördlichen Gegenden ebenfalls der Mist vielerorts verbrannt, jedoch nicht als Heizmaterial, sondern, um ihn loszuwerden! Als Dünger ist er nicht geschätzt.

Auf seiner Reise zum Ararat sah Parrot (1834) beim Kloster St. Jacob wie die Bewohner Vorräte von getrocknetem Dünger für den Winter anlegten. Er schreibt, nachdem er selbst verschiedene Male trockene Kuhfladen zum Feuern eingesammelt hat:

Abbildung 14: Deutscher Soldat in der Ukraine vor einem Stapel Düngerbriketts (Foto: Glathe, 1942)

Abbildung 15: Trocknen von Dünger in einer mohammedanischen Siedlung der Ukraine
(Foto: Glathe, 1942)

„... es ist ausserordentlich wie gut dieses Material in Glut kommt und welche Hitze es ausstrahlt, ohne Geruch zu geben."

1.13 Kaukasus-Länder

In Transkaukasien war die Herstellung solchen Brennstoffes zwischen Eriwan und Tiflis noch 1932 üblich (Abb. 16), sowie ebenfalls auf einer Baumwollkolchose in der Nähe von Sandza (Abb. 17). Interessant ist es, daß hier der aus länglichen, ziegelähnlichen Stücken aufgesetzte hohe Stapel benutzt wird, um angeklatschte, fladenförmige Stücke daran trocknen zu lassen (Schiller, mdl. Mitt. Mai 1972).

Abbildung 16: Auf halbem Wege zwischen Eriwan und Tiflis in einem kleinen Gebirgsdorf
(Foto: C. Schiller, 1932)

Abbildung 17: Trocknung von Düngerfladen in der Baumwollkolchose Sandza (Foto: C. Schiller, 1932)

Abbildung 18: Eine syrische Frau mit ihrem Kind. Sie hat den Dünger in handliche Stücke geformt und dann zu einem Stapel für den Winter aufgesetzt. (Foto: Williams, o.J.)

2 Islamische Länder

2.1 Nordafrika

Aus Marokko schildert Quedenfeldt (1887) die verschiedenen Heizbräuche. Eine Küche nach europäischem Muster gab es dort damals nicht. Auch ein besonderer Raum für die Zubereitung der Nahrung war selten vorhanden. Man kochte auf irdenen Kohlenbecken oder Feuertöpfen. Meistens wurde damals Holzkohle gebrannt. In den südlichen Landesteilen dagegen, wo es kaum Bäume gab, nahm man Dorngestrüpp und trockenen Kuh- oder Kamelmist. Zum Anfachen benutzte man kleine Handblasebälge. Krarup Mogensen (briefl. Mitt. 1958) sah in dem kleinen Bergdorf Tamarkennit unweit Palestro im Tell Atlas Düngerfladen, die zum Trocknen auf eine Mauer aufgeklebt wurden. Sie waren wie dünne Kuchen geformt und hatten die Größe eines Tellers. Es besteht kein Zweifel, daß in ähnlicher Weise in allen Atlasländern bis tief in die Sahara hinein verfahren wurde.

Konrad (briefl. Mitt. 1955) beobachtete bei den Buduma, welche die mittleren, nördlichen Tschadseeinseln bewohnen, das Nutzen von Rinderdung zum Kochen, offenbar ohne daß derselbe vorher besonders bearbeitet wurde. Struck (briefl. Mitt. 1958) teilt mit, daß die zwischen dem 15. und 17. Jahrhundert aus der Sahara ins Gebiet zwischen Senegal und Niger eingewanderten Fula, im Hochland von Futa Djallon, den Mist ihrer Herden verbrennen, wie sie es in ihrer alten Heimat vermutlich schon geübt hatten. Zwar gibt es hier Holz, aber nur in den tief eingeschnittenen Tälern, von wo es nur mit großen Schwierigkeiten auf die unbewaldeten, aber bewohnten Höhen zu bringen wäre. Weiter nordwestlich, im (ehemals) portugiesischen Teil Guineas, ist infolge leicht erreichbarer Feuerung (Buschsteppe und Steppenwald) die Gewohnheit des Mistverbrennens bei den Fula verlorengegangen.

In Ägypten kneten Kinder ebenfalls flache Kuchen aus dem Rindermist, welche an die Hauswand geklebt werden und später zum Heizen der Backöfen dienen. Selbst in Kairo bewahrten die Einwohner Kamelmist auf den Hausdächern (Venzmer, o.J.). Im 2. Weltkrieg lernten die Soldaten des deutschen Afrika-Korps, die in englische Gefangenschaft geraten waren, 1943 das Kochen mit Dünger in den Lagern südlich Ismailia am Großen Bittersee. Von der Lagerverwaltung wurden ca. $\frac{1}{4}$ m^2 große Platten aus Kamelmist geliefert, von denen man, in Ermangelung von Messern, welche den Gefangenen abgenommen waren, die benötigten Stücke herunterbrach (Tietjen, mdl. Mitt. 1954).

2.2 Syrien und Irak

Aus Syrien berichten Auhagen (1907), Ruppin (1916) und Christian (1917/18) von dieser Art Feuerung. Der letztgenannte beschreibt das in Aleppo angewendete Verfahren ziemlich eingehend:

„In den Straßen der Stadt sieht man stets Kinder, die den Mist (*zibl*) der Tiere in Körben (*zembil*) oder Blech*teneke* sammeln. Sie tragen ihn nach Hause in die Siedlungen an der Peripherie der Stadt, wo er auf einem freien Platz auf einen Haufen geschüttet wird. Dieser wird vorerst mit Wasser begossen; dann kneten die Frauen die Masse unter Beimengung von Häcksel durch und formen daraus die Kuchen, die zweierlei Gestalt haben können. Entweder sind sie halbkugelig, mit einem Durchmesser von etwa 12 cm (*debibe*, Mz. *debibat*), oder sie stellen ein flaches Kugelsegment dar, dessen Durchmesser etwa 25 cm beträgt (*kurs*, Mz. *kras*). Die fertigen Fladen werden schließlich zum Trocknen an den Steinmauern aufgeklebt. Sind sie trocken, so verkauft man sie, soweit sie nicht im eigenen Haushalt benötigt werden, in der Stadt. 10 bis 20 Stück sollen zum Kochen einer Mahlzeit genügen. Der Preis betrug damals, im Oktober 1916, für 100 Stück 6 Piaster. Nur arme Leute gaben sich mit der Erzeugung und dem Verkauf der Mistkuchen ab." (s. auch Abbildung 18)

Abbildung 19: Im größten Lehmhüttenkomplex Bagdads. Allenthalben zum Trocknen
              aufgestellte Mistfladen (Foto: Wirth, 1955)

In den Nachbargebieten Syriens sind die Verhältnisse ganz ähnlich. Bei den ackerbaubetreibenden Arabern, den Fellachen, sammeln Frauen und Mädchen den Dünger, kneten und trocknen ihn, wie Bauer
(1903) aus Palästina und Musil (1907/08) aus dem Ostjordanland berichten. Er wird neben Stroh auch
zum Brotbacken verwendet. Der Fellach liebt frisches Brot, das in dünnen Fladen hergestellt wird. Man
bäckt aber keinen großen Vorrat. Dieser würde zu schnell austrocknen. Allmorgendlich werden daher in
den Dörfern die Backöfen entzündet.
„Bald dringt aus den Öffnungen aller Backöfen des Dorfes ein übelriechender Qualm und lagert sich über
den Häusern. Wenn sich genügend Hitze entwickelt hat, wird die Asche entfernt und das Backen der
Fladen beginnt" (Bauer l.c.) (s. a. Seite 61).

Die wandernden Beduinen brennen vornehmlich den Kamelmist, wie Musil und Schneller (briefl. Mitt.
1956) noch selbst gesehen haben. Die Feuerstätte im Beduinenzelt ist nur ein einfaches Loch im Boden.
„Das nützlichste Tier in der Wüste ist das Kamel, ohne welches das Leben daselbst unmöglich wäre.
Das Kamel begnügt sich mit der spärlichen Weide, welche ihm die Senkungen in der Wüste oder in
der Steppe bieten. Es kann mehrere Tage ohne Wasser aushalten und verlangt von dem Menschen fast
gar nichts. Dafür liefert es Milch und Nahrung, Haar und Haut zur Kleidung und Aufbewahrung von
allerlei Gegenständen, es trägt den Menschen und sein Gepäck auf der Reise und gibt ihm noch das nötige
Brennmaterial" (Musil l.c.).

Hat ein Beduinenstamm an einer Stelle längere Zeit gezeltet, dann ist der Zeltplatz durch die Asche,
Exkremente von Tier und Mensch, sowie durch Abfälle aller Art mit Pflanzennährstoffen angereichert.
Nach der nächsten Regenperiode wuchern daselbst auf dem gedüngten Boden allerlei Pflanzen und liefern
gute Weide für Kamele und Gazellen.

In den Vorstädten von Bagdad (Abb. 19, 20) trocknen allenthalben an den Lehmhütten die Düngerkuchen oder sind schon zu fertigen Stapeln aufgehäuft. Im sumpfigen Mündungsgebiet des Euphrat ist
es namentlich der Mist der Wasserbüffel, welcher in ganz ähnlicher Weise von den Eingeborenen an der
Außenseite ihrer Schilfhütten getrocknet wird (Abb. 21) (Wirth, 1955). Da in all diesen Ländern die Orien-
talen vielfach die Gewohnheit haben, das Feuer durch Blasen mit dem Mund anzufachen, ist es vielerorts
zu schweren Milzbrandinfektionen gekommen (Rabagliti, 1927).

Abbildung 20: Frauen beim Abtransport der Dungfladen (Foto: Wirth, 1955)

Abbildung 21: Im Mündungsgebiet des Euphrat (Foto: Wirth, 1955)

Abbildung 22: Auf dem Markt zu Sanaa (Aus: „Freie Welt" Berlin, Heft 29, 1958)

2.3 Yemen

Im Yemen sahen E. und R. Gerlach (1958) auf dem Markt von Sanaa verschleierte Bauersfrauen, welche Dungfladen in Körben feilhielten (Abb. 22).

2.4 Anatolien

Die älteste schriftliche Nachricht über Tierkot als Brennmaterial infolge von Holzarmut stammt vom römischen Geschichtsschreiber Titus Livius, der von 59 vor bis 17 nach Christus lebte. Er berichtet über den Feldzug des Gnaeus Manlius gegen die kleinasiatischen Gallier im heutigen Westanatolien. Unweit der heutigen türkischen Hauptstadt Ankara lag die von Livius erwähnte Landschaft *Axylon* (was holzlos bedeutet), deren Bewohner *fimo bubulo pro lignis utuntur*: Rindermist anstelle von Brennholz gebrauchen. In der heutigen Türkei ist dies immer noch üblich (Olsen, 1953). Zwar sind die landschaftlichen Verhältnisse in Anatolien anders als in den Halbwüsten und Steppen der arabischen Länder, doch hat das völlige Fehlen von Baumwuchs in einigen Gegenden der Hochebene die gleiche Notwendigkeit mit sich gebracht (Abb. 23).

Herrmann (1900) schreibt:

„Gekocht und geheizt wird in den meisten Dörfern des Hochlandes mit getrockneten Kuhfladen, sofern es keine Wälder gibt. Diese Kuhfladen werden während des ganzen Sommers fleißig, namentlich von den jungen Frauen und Dorfschönen, gesammelt und in frischem Zustand an die Außenwände geklebt. Wahrlich eine schöne Dekoration! Besonders, da man die Finger in den Kuhfladen so deutlich abgedruckt sieht."

Ähnliches hat Schweinitz (1906) erlebt:

„Von einer Düngung der Felder kann im allgemeinen keine Rede sein. Dies hat seinen Grund mit darin, daß der Bauer den Viehdung als Brennmaterial verwenden muß. Wir sahen die Leute manchmal, als ob sie Pilze suchten, über die Äcker gehen, um selbst von dort den Dung weidender Kühe zusammenzutragen. Aus dem Rinder- und Büffelmist werden flache, runde Kuchen geformt. Bei Indschessu, in der Mitte des großen Halys-Bogens, sahen wir z. B. eine Anzahl vergnügter griechischer Frauen bei dieser wenig appetitlichen Arbeit beschäftigt, die sich herzlich freuten, daß wir ihrer Tätigkeit solches Interesse entgegenbrachten. Diese Mistkuchen werden dann an den Wänden der Häuser und an den Mauern angeklatscht und trocknen in der starken Hitze zu torfartigen Stücken aus, die, wie wir aus eigener Erfahrung wissen,

Abbildung 23: Trocknung von in Form gepressten Düngerkuchen in einem zentralanatolischen Dorf
(Foto: Olsen, 1953)

Abbildung 24: Trocknen des Brennmaterials bei einem Dorf am Van-See (Ostanatolien)
(Foto: W. Hellmich, etwa 1957)

Abbildung 25: Brennstoffvorrat zum Trocknen auf dem Dach einer Hütte bei Zabol (Foto: Omrani, 1991)

ein recht gutes Brennmaterial bilden. Wenn der Boden trotz der fehlenden Düngung noch nicht erschöpft ist, im Gegenteil meist noch eine ganz außerordentliche Fruchtbarkeit zeigt, so liegt dies einmal an seiner Güte, und dann daran, daß das Land nach jeder Ernte mindestens ein Jahr hindurch brach liegen bleibt."

Ein halbes Jahrhundert später fanden Hütteroth (1959) und Hellmich (briefl. Mitt. 1960) bei kurdischen Bauern am Van-See in Ostanatolien ganz ähnliche Verhältnisse (Abb. 24).

2.5 Iran

In Persien befassen sich, wie überall im Orient, vornehmlich die Frauen mit der Herstellung der Mistkuchen. Hough (1926) zitiert ein Blatt der amerikanischen Frauenbewegung aus dem Jahre 1888, worin man sich über dieses *filthy and degrading work* empört, zu dem die persischen Schwestern gezwungen werden. Daß auch seitdem der Mist als Brennstoff keineswegs verdrängt war, bezeugte Lambton (1953). Um 1990 fand Omrani in der Gegend von Zabol in Ostpersien (Belutschistan) eine Siedlung, wo er große Lager von getrocknetem Mist auf Dächern und Mauern fotografieren konnte (Abb. 25). Dieser wurde unter anderem zum Backen verwendet (vgl. Seite 61).

Chardin (1785) beobachtete, daß die Bäder mit einem Feuer aus Gestrüpp, trockenen Blättern und Mistklumpen beheizt wurden. Anfang des 19. Jahrhunderts begegnete Morier (1812) in der Nähe von Isfahan allmorgendlich Karawanen von Eseln und Maultieren, die mit dem Dung von Kühen, Eseln und Pferden beladen waren, der in der Stadt verkauft werden sollte. Auch die städtischen Bäder wurden mit Dünger geheizt, der vorher mit Erde vermischt war. Polak (1865) schreibt, ein aufgeschichteter Düngerhaufen, in den Städten, lässt immer auf die Nähe eines Bades schließen.

2.6 Afghanistan

Auch in Afghanistan fand Kamel-, Rinder- und Pferdemist bei der Heizung der öffentlichen Bäder Verwendung (Loll, 1929).

Der Brauch des Heizens mit Haustiermist reicht weit in das Innere Asiens hinein. In den Jahren 1253–1255 machte der flämische Franziskanermönch Wilhelm von Rubruk (s. Risch, 1934) im Auftrag König Ludwigs von Frankreich von der Insel Zypern aus, deren Landesherr Ludwig damals war, eine Missions-

Abbildung 26: Düngertrockner: Feuerbecken und Eisenplatte (nach Prinz 1915)

reise nach Asien. Er kam dabei nach Karakorum, der Residenz des Mongolenkaisers. Unterwegs erlebte er mehrmals, daß mit Rinder- und Pferdemist geheizt und gekocht wurde. Sogar in der Jurte Mangu-Chans, die innen ganz mit Goldbrokat ausgeschlagen war, brannte ein Feuer, das mit Dorngesträuch, Wermutwurzeln und Ochsenmist unterhalten wurde (Risch, 1930).

2.7 Innerasien

Über die Gewohnheiten der Kirgisen berichtet von Schwarz (1900) recht anschaulich:

„Das Fleisch wird von den Kirgisen nicht gebraten, sondern stets gesotten. Als Heizmaterial gebrauchen sie, da Holz in den Steppen nur in seltenen Fällen aufzutreiben ist, vorzugsweise Kamelmist und getrockneten Rindermist (*Kisjak*). Der Kamelmist ist, da das die Hauptnahrung der Kamele bildende Kamelkraut sehr viel Holzfaser enthält, ein ziemlich gutes Brennmaterial. Der Rindermist, gleichfalls fleißig gesammelt, wird mit Straßenstaub zu einem zähen Teige geknetet und fein säuberlich in dünne, runde Fladen geformt, die zum Trocknen an die Außenwände der Jurten geklebt werden. Das Aroma dieses Feuerungsmaterials läßt zwar manches zu wünschen übrig, ist aber doch nicht so schlimm, wie man etwa glauben könnte. Ich war auf meinen Reisen hundertmal in der Lage, mein bescheidenes, oft nur aus Reis und Wasser bestehendes Mahl, über einem *Kisjak*feuer bereiten zu müssen."

Auch in der Taschkenter Gegend wird der Rindermist gewöhnlich nicht als Dünger verwendet, sondern wie bei den Kirgisen zu Fladen geformt, die an die Hauswände geklebt werden. Getrocknet verkauft man sie sackweise auf den Basaren, oder Hausierer besorgen die Verteilung.

Bei den Kirgis-Kajsaken in Tienschan, das schon zur chinesischen Provinz Sinkiang gehört, fand Prinz (1915) eine interessante Art, den Dünger zu trocknen:

„Zum Schlusse möchte ich die in der Mitte der Jurte befindliche Feuerstelle erwähnen. In Gegenden, wo genügend Holz vorhanden ist, wird dieses verbrannt. Auf den Sürtplateaus jedoch ist der Kirgise auf den Dünger angewiesen, den man im Winter aus dem Schnee hervorschaufelt, da man den neben der Jurte angehäuften Düngerhaufen nur im Notfall angreift. Selbstredend entzündet sich der schneefeuchte Dünger nicht, weshalb man sich zu seiner Trocknung der in Abb. 26 gezeigten Vorrichtung bedient. Auf der im Feuer glühend gewordenen Eisenplatte trocknet der schneenasse Dünger sehr rasch und läßt sich auf diese Art gut brennen."

3 Asien

3.1 Indien

Wie in fast allen orientalischen Ländern gibt es auch in Indien weite Landstriche, wo mit Rindermist gefeuert wird. Die Zubereitung ist ähnlich wie in den arabischen Ländern: er wird geknetet, geformt, und zum Trocknen an Hauswände, Mauern oder dergleichen gedrückt (Cressey, 1951). Schlagintweit-Sakünlünski (1869) beobachtete die Eingeborenen bei dieser Beschäftigung, als er die *Ghats* auf der Reise von Bombay nach Madras durchquerte.

Einen ausführlichen Bericht über diese *Kohle Indiens* verdanken wir Graefe (1929). Er machte seine Beobachtungen in Madura, wo das Material auf den Straßen gesammelt, anschließend geknetet und nach der üblichen Trocknung an den Hauswänden aufgestapelt wird (Abb. 27, 28).

Abbildung 27: Trocknen der *Dungcakes* in Madura/Indien (Foto: Graefe, 1929)

Abbildung 28: Trocknende *Dungcakes* in einem indischen Dorf (Foto: von der Decken, 1958)

Abbildung 29: Transport zum Verkauf (Foto: Graefe, 1929)

Abbildung 30: *Dungcakes* als Traglast (Foto: Graefe, 1929)

Abbildung 31: Verkauf auf dem Markt (Foto: Graefe, 1929)

„Die Hersteller bringen den Brennstoff in Wagen (Abb. 29) oder auf dem Urproduzenten selbst (Abb. 30) (als Traglast) in die Stadt, und hier wird er entweder auf dem Markt feilgeboten (Abb. 31) oder Geschäften zugeführt, von wo ihn die Verbraucher beziehen. Überall sieht man entweder im Freien, wo z. B. ein Barbier in einer Pfanne Kuhmist verbrennt, um ein Schälchen mit Rasierwasser zu wärmen, in der Wohnung in primitiven Öfen, oder in den gleichfalls im Freien betriebenen Werkstätten (Abb. 32), die helleuchtenden Feuer dieses Brennstoffs. Es muß sich um gewaltige Mengen handeln, rechnet man nur, daß von der Hälfte der Kühe (1929 lebten in Indien 150 Millionen Kühe) der Dünger gesammelt wird, und daß eine Kuh nur 200 kg trockenen Dünger im Jahr liefern soll, so kommt man schon zu Mengen von über 15 Millionen tons. Der Dünger geht je nach Landesteil unter verschiedenen Namen: *Gorj* war eine Bezeichnung, die ich an verschiedenen Stellen hörte, *Obla* eine an anderen Orten, *dungcakes* ist der englische Ausdruck. Der Preis betrug z. B. in Benares für 100 Kuchen von vielleicht 15 cm Durchmesser 4 annas = etwa 36 Pf., also ziemlich viel bei den kümmerlichen Einkommensverhältnissen der niederen indischen Klassen. Das Material ist gar kein schlechter Brennstoff. Aus der Tatsache, daß er in Indien fast überall im Ofenherd ohne Zug gebrannt wird, ergibt sich schon, daß der Dünger recht gut brennen muß. In der Tat brennt er vollkommen geruchlos und fast rauchlos. Eine Probe, die ich mitnahm und untersuchte, ergab folgende Werte:

- Feuchtigkeit 6%, Asche 32,5%.

Abbildung 32: Goldschmied in Madura bei der Arbeit, im Vordergrund das Brennmaterial
(Foto: Graefe, 1929)

Ob dieser ungewöhnlich hohe Aschengehalt nur einer zufälligen Verunreinigung zuzuschreiben ist oder vielleicht dem Bestreben des Fabrikanten, durch Lehm den Rohstoff zu strecken, entzieht sich meiner Kenntnis. Ich habe aber, um ein klares Bild von den Eigenschaften des Brennstoffes zu geben, die analytisch ermittelten Werte auch auf wasser- und aschefreies Material umgerechnet, Verbrennungswert = 2726 WE, auf wasser- und aschefreie Substanz berechnet 4440; also immerhin ein recht beachtlicher Wert. Der Heizwert des trockenen Kuhdüngers kommt also, wenn er aschefrei ist, dem des vollkommen lufttrockenen Torfes mit 5000 WE schon recht nahe. Der Brennstoff hat aber noch eine andere wünschenswerte Eigenschaft. Die Heiligkeit, die auch dem Kuhdünger noch anhaftet, geht nicht etwa mit den entweichenden Kalorien weg, sondern haftet auch der Asche noch an. So sehen wir in den großen Tempeln, ähnlich wie in den katholischen Kirchen das Weihwassergefäß, große Behälter mit Asche von Kuhdünger stehen, von dem die Gläubigen beim Vorbeigehen etwas nehmen und sich auf die Stirn reiben." (Graefe, 1929)

Aus dem südlichen Indien, nämlich der Stadt Tranquebar nördlich Karikal, steht bei Krünitz (1784) eine Nachricht über das Düngerverbrennen. Wie ich von der Leipziger lutherischen Mission, die dort eine Station unterhält, erfuhr, geschah dies in jener Gegend noch in den fünfziger Jahren des 19. Jahrhunderts. Aus anderen Teilen Südindiens, und von Pakistan, hat mir Vermaat (mdl. Mitt. 1958) dasselbe bestätigt.

3.2 Tibet

Über das Heizmaterial in Tibet hat Eichinger (1955) einen eingehenden Bericht gegeben. Bei dem von ihm besuchten Stamm wird im wesentlichen der Mist vom Yak, von den Schafen, Ziegen und Pferden verfeuert. Man sammelt ihn jedoch nicht von der Weide, wo sich die Tiere aufhalten, weil man annimmt, daß dieses Material gesundheitsschädlich sei. Man verwendet nur den Mist vom Nachtlager der Tiere. Am beliebtesten ist der Kot des Yak, der ein sehr reinliches Tier ist und im Gegensatz zu unseren europäischen, vom Ur abstammenden Rindern, seinen Auswurf meidet. Nach Prschewalskij (1881) gibt der Yak bei einer Entleerung 9 kg Kot von sich, und der Autor versäumt nicht, hinzuzufügen, daß ohne diesen Stoff eine Reise durch die Wüste Tibets wegen Mangels an sonstigem Brennmaterial unmöglich wäre. Eichinger schildert weiter, wie bei den tibetischen Nomaden das tägliche Ausmisten zu den vordringlichen Arbeiten der Frauen gehört, das in der Frühe eines jeden Tages vorgenommen wird. Der Kot wird dann in der Nähe des Zeltes zum Trocknen ausgebreitet. An warmen Tagen ist er des Abends trocken. Sonst wird er an den folgenden Tagen erneut der Sonne ausgesetzt. Wenngleich der Mist rechtens den Besitzern der betreffenden Tiere gehört, so treten diese einen etwaigen Überschuß willig den ärmeren Bewohnern des Zeltdorfes ab. Das Brennmaterial zum alsbaldigen Verbrauch lagert seitlich vor dem Zelteingang. Von hier wird es in einen aus Grassoden und angefeuchtetem Löß errichteten Behälter hinter dem Zeltherd geschüttet, aus welchem es mit Leichtigkeit in das Feuer befördert werden kann.

Für den Winter wird zeitig ein Vorrat gesammelt. Man schichtet trockenes Material zu kegelförmigen Haufen in Mannshöhe auf und drückt es fest. Alsdann wird dieser Haufen mit einer 2–3 Finger dicken Schicht von feuchtem Löß überzogen, so daß Regen oder Schmelzwasser von Schnee nicht eindringen kann.

Will man größere Hitze erzeugen, so wird der Yakmist mit trockenen Schafbohnen vermischt. Diese benutzt man auch, um rasch eine größere Wärme im Zelt zu erreichen. Man wirft einige Hände voll davon in den Herd und wischt sie, sobald sie durchgeglüht sind, aus den Seitenöffnungen auf den Fußboden, wo sie alsdann langsam verglimmen. Reichere Nomaden verbrennen den Schafmist auch in kupfernen Kohlenbecken, wie sie in China üblich sind. Als geruch- und rauchloses Brennmaterial sind die Schafbohnen auch bei den Chinesen beliebt, so daß die Tibeter ihn gelegentlich verkaufen oder an diese gegen Getreide vertauschen.

Weniger beliebt als Heizmaterial ist der Pferdemist. Er verbrennt nicht geruchlos und läßt sich schwer trocknen. Immerhin wird auch er im Notfall verwandt. Die Lagerstätten der Pferde werden jedoch keineswegs ebenso sauber gehalten wie die der Yaks. Der Kot kann sich tagelang aufhäufen, bis er weggeräumt wird. Die Pferde stört es nicht, da sie sich nicht hinlegen.

Auch der deutsche Geograph Wilhelm Filchner (1929) lernte diesen Brennstoff auf seiner Tibetreise kennen:

„... Wir kaufen in entfernten tibetischen Zelten Feuerungsmaterial und getrockneten Mist, da alles ringsum nass ist. ..."

Nach Huc (1850) beteiligen sich auch die Lamamönche am Einsammeln und Verarbeiten des *Argols* und die Klöster treiben damit Handel wie z. B. die Lamaserie von Kunbum. Er berichtet auch wie die unterschiedlichen *Argols* bewertet werden. An erster Stelle steht der Kot von Ziegen und Schafen, der beim Verbrennen eine erstaunliche Hitze gibt. Die Tibetaner und Tataren benutzen die *Argol*feuer zur Metallbearbeitung: ein Eisenstab, der in das Feuer solcher *Argols* gesteckt wird, ist in kürzester Zeit rot-weiß glühend. An die zweite Stelle werden die *Argols* von Kamelen gestellt, die sehr leicht brennen und eine schöne Flamme geben, während sie eine weniger intensive Hitze erzeugen. Die dritte Klasse nehmen die *Argols* aus der Verwandtschaft der Rinder ein. An letzter Stelle kommen die *Argols* der Pferde, Esel und Maultiere. Da diese keine Widerkäuer sind, ist die Struktur sehr locker. Sie verbreiten beim Brennen einen dichten Rauch und sind bald verbraucht, aber sie sind sehr nützlich, um ein Feuer zu entfachen.

Zu der gleichen Bewertung des von verschiedenen Tieren stammenden *Argols* kommt auch Annemarie Schultz (1935).

Der berühmte Tibet-Forscher Sven Hedin (1903) hat in mehreren Büchern über seine Abenteuer und Wanderungen in Tibet und im Pamirgebiet berichtet. Auch er hebt die Bedeutung des *Argols* von Yak und anderen Tieren hervor. Er beobachtete mongolische Pilger auf der Wallfahrt nach Lhasa, die während der vier Monate ihrer Wanderung sich das Leben so angenehm wie möglich machten. Unterwegs sammelten sie Yak-Dung zum Brennen und saßen abends um ihre Feuer, bereiteten sich Tee und *Tsamba*, das tibetische Nationalgericht.

3.3 Mongolei

In dem Reisebericht von Consten (1919) finden sich zahlreiche Beispiele für die Bedeutung des Kamel-, Pferde- und Yakmists in den öden, baumlosen Gebirgen der Mongolei. Ohne *Argol*, wie auch hier diese Art Brennstoff heißt, wäre in den eisigen Hochlandgebieten kein menschliches Leben möglich. Das Einsammeln des Brennstoffes geschieht in Körben, die von Yaks oder Kamelen getragen werden. Das morgendliche Feueranmachen auf einem mongolischen *Urton*, einer von der Regierung für die Reisenden und das Militär unterhaltenen Raststation, schildert Consten wie folgt:

„Bald flackert ein kleines Flämmchen in dem sogenannten *Tagan*, einem mit 3 kreisrunden Reifen um-schmiedeten eisernen Dreifuß. Sorgfältig türmt die Mongolin Stück für Stück des runden Kamelmists aufeinander, den ganzen *Tagan* füllend, dann bläst sie hinein. . . . Starker, beizender Rauch erfüllt die Jurte und schließlich schlägt nach eifrigem Blasen und Pusten eine helle, bläuliche Flamme aus dem Mittelpunkt des *Tagans*.“

Die mongolischen Hirten tragen ein Stück glimmenden Dung am Ende eines Stockes mit sich herum. Ab und an, wenn ihre Hände und Füße vor Kälte steif geworden sind, entzünden sie damit ein trockenes Grasbüschel und wärmen sich daran (Rockhill, 1894).

Im Winter verwenden auch die Goldsucher in der Mongolei den *Argol*, um die Erde aufzutauen, die sie durchsuchen wollen (Consten, 1919).

Aus der Burjäto-Mongolei gibt uns Lansdell (1882) Nachricht über die unterschiedliche Bewertung der verschiedenen *Argol*sorten:

„In den nördlichen Teilen verschaffen sich die Burjäten Holz zur Feuerung; in den südlichen Teilen da-gegen und bei den Mongolen in der Wüste ist dieser Artikel rar, und sie verwenden dafür getrockneten Kamelmist, den sie *Argols* nennen, ein tatarisches Wort, welches die getrockneten und zum Heizen zube-reiteten Exkremente von Tieren bedeutet.

Das Sammeln, Kneten, Formen und Trocknen des Mistes ist weiter im Süden ein wichtiger Erwerbs-zweig. Man hat vier Arten von *Argols*. . . .“ — von denen schon Huc (1850) berichtet hat.

Als Heissig 1941 die Innere Mongolei bereiste, kam er zu Mongolen, die schon seit 22 Jahren seß-haft waren und in festen Häusern wohnten. Sie trieben hauptsächlich Weidewirtschaft und nur wenig Ackerbau. Ihre Wirtschaftsform vergleicht Heissig mit der Almwirtschaft unserer Gebirgsbauern. Nach alter Gewohnheit brannten sie *Argol*, der vor den Häusern zu runden Stapeln aufgeschichtet war (Heissig, 1955).

Abbildung 33: Mongolische *Argol*sammlerin (Foto: Heissig, 1955)

Abbildung 34: *Argol*sammlerin: Titelseite eines Gedichtbandes von Sayitsunggha (vergl. Heissig, 1955)

Die Gestalt des *Argol*sammlers schreibt Heissig, ist für den Mongolen ein Sinnbild dessen, der wertvolles Gut emsig und ohne zu ermüden aufsammelt, und gilt als ein Symbol des Fleißes (Abb. 33). So ist nicht merkwürdig, daß ein junger, an einer modernen Universität ausgebildeter Mongole namens Sayitsunggha im Jahre 1942 eine Sammlung von Gedichten, die er herausgab, auf der Titelseite mit dem Bilde einer *Argol* sammelnden Frau zierte (Abb. 34).

Ein Professor der Landwirtschaft von der Universität Ulan-Bator, der als Gastwissenschaftler in der FAL Braunschweig-Völkenrode arbeitete, bezeugt:

„Der getrocknete Yakmist ist in den holz- und strauchlosen Hochebenen oft der einzige verfügbare Brennstoff" (Magasch, 1995).

Diese Beobachtung machten auch Hutter und Mesarosch (1996), die das Land zu Pferd bereisten. Im Winterlager wird der Großteil der anfallenden Arbeiten von den Frauen bewältigt. Sie holen Wasser, sammeln Brennmaterial u. a. mehr. Auch die beiden Autoren waren gezwungen, sich Mist zu suchen, um ein Feuer zu entfachen, wo sie kochen und sich wärmen konnten. Bevor im Winterlager die Jurten aufgebaut werden, schüttet man auf dem dafür vorgesehenen Platz ein Fundament mit trockenem Mist. Darauf wird die Jurte errichtet und ihr Boden mit Dielenbrettern ausgelegt. Darüber werden dicke, oft schön verzierte Filzteppiche gebreitet.

3.4 China

In den Tibet und der Mongolei benachbarten Teilen Chinas spielte der Viehdünger als Brennstoff eine bedeutsame Rolle. Allerdings achten die Chinesen, denen als hervorragende Bauern eine intensive Düngerwirtschaft seit Jahrtausenden anerzogen ist, peinlichst darauf, daß die Asche, welche ja die wertvollen Mineralstoffe enthält, sorgfältig gesammelt wird, wie es Trippner (1955) beschreibt:

„Der in und vor dem Hofe beim Ein- und Austreiben der Schafe zusammengekehrte Mist wird als Heizmaterial in Küche und Ofenbett (dem *K'ang*, der typischen chinesischen heizbaren Lagerstätte der Familie) verwendet. Auch im Pferde- und Kuhstall wird oft die reine Ware gesammelt, getrocknet und eben dort verbrannt. So geht viel Tiermist erst den Verbrennungsweg und kommt dann als Streuasche wieder in den Stall oder in den Abort bzw. auf den Düngerhaufen."

Auch Wagner (1940) hat Ähnliches beobachtet:

„In holzarmen Gebirgsgegenden dient der Viehdung, gemischt mit allen möglichen organischen Stoffen, wie Pflanzenwurzeln, Blättern, Baumrinde, Kiefernnadeln u. a. als Brennmaterial. Zu diesem Zwecke formt man aus der sorgfältig gemischten Masse Ziegel, trocknet sie an der Sonne, teilweise, indem man sie an die Hauswände anklebt, und verwahrt sie an einem trockenen Ort bis zum Winter."

Shen (1951) schildert anschaulich die Bedeutung des Yak im Hochgebirge. Sie sind sehr widerstandsfähig gegenüber kaltem Wetter und Schnee und nützlich für eine Anzahl verschiedener Verwendungen:

„Sie tragen Lasten, sie liefern Fleisch und Milch, ihre Haut wird für Bekleidung und wasserdichte Verpackungen zum Transport ihrer Wolle gebraucht. Ihr Dünger ist wichtig als Brennstoff in baumlosen Gebieten."

4 Afrika

Über das arabische Nordafrika wurde schon auf Seite 27 berichtet. Die eingeborenen Völker des Erdteils haben ebenfalls in vielen Gegenden den Gebrauch der Mistfeuerung entwickelt. Die Sudanländer wurden von den Arabern im Gefolge der Islamisierung beeinflußt, so daß hier kaum ursprüngliche Bräuche in unserer Frage nachzuweisen sein dürften.

Aus dem tropischen Afrika nennt Beck (1943) 6 Fälle, wo die Eingeborenen, zum Teil in holzreichen Gebieten, den Mist verbrennen, um die Asche als Dünger zu verwenden. Dies geschieht bei den Losso im nördlichen Togo, bei den Yetuti im südlichen Kamerun, bei den Gangella in Südost-Angola am Kubango, bei den Wahehe im Innern Deutsch-Ostafrikas, bei den Bapoto am mittleren Kongo im Norden des Kongostaates und schließlich bei den Bari im Darfur-Hochland des inneren Sudans. Die einzelnen Stämme siedeln also weit auseinander und haben kulturell wenig miteinander zu tun, so daß eine gegenseitige Beeinflussung wenig wahrscheinlich erscheint. Und doch wird man nach allen ethnologischen Erfahrungen kaum auf eine unabhängige Entstehung dieser Gewohnheit in allen 6 Fällen schließen dürfen. Wenn in einer Gegend Mist verbrannt wird, um mit der Asche zu düngen, wo sonst im allgemeinen nicht gedüngt wird und andererseits genügend Holz als Brennmaterial zur Verfügung steht, da kann man nur annehmen, daß dieser Brauch nicht bodenständig ist.

In einer monographischen Darstellung untersucht Drost (1958) die Töpfertechnik der Eingeborenen in Afrika. Er schreibt:

„Die Vegetationsarmut ihrer Umwelt und der dauernde Anfall des Materials hat bei vielen Stämmen, mit vorwiegender Viehzucht, zur Verwendung des getrockneten Mistes als Brennmaterial geführt."

5 Amerika

In Grönland heizen die Eskimos im allgemeinen mit Tran. Die Tranlampen spenden Licht in den finsteren Behausungen, sie verbreiten Wärme, und auch die Speisen werden über ihnen zubereitet. An der Westküste des Landes hat sich dagegen die Gewohnheit herausgebildet, zum Kochen der Speisen eine Feuerstätte vor dem Eingang der Hütte anzulegen, wo neben Torf eine Art *Guano* der dortigen Seevögel gebrannt wird. Selbst in größeren Siedlungen, wo aus Dänemark eingeführte Öfen vorhanden waren, wurde in diesen noch 1890 Vogelmist verfeuert (Nansen, 1890).

In den Prärien verwandten die indianischen Jägerstämme den Kot der großen Büffelherden (*Bison americanus L.*), die sogenannten *buffalo chips*. Die weißen Jäger, Händler und Ansiedler übernahmen in den Great Plains diese Sitte. Gregg (1844) schreibt darüber:

„In der Nacht nach der ersten Büffeljagd lagerten wir in einem baumlosen Tal und waren genötigt, zu den *buffalo chips* als Brennstoff unsere Zuflucht zu nehmen. Es ist ergötzlich, die Geschäftigkeit zu beobachten, die beim Sammeln dieses Stoffes Platz greift. Bei trockenem Wetter ist es ein hervorragender Ersatz für Holz und ergibt sogar ein noch heißeres Feuer. Aber wenn er vom Regen naß ist, dann raucht und qualmt der Brennstoff stundenlang, ehe er sich, wenn überhaupt, herabläßt zu brennen. Das Büffelfleisch, welches der Jäger auf dem Feuer röstet oder brät, das hält er für würziger als alle Braten, die von den hervorragendsten Köchen im zivilisierten Leben zubereitet sind.“

Auf den großen Trecks, welche neue weiße Ansiedler ins Land brachten, waren die *buffalo chips* meilenweit das einzige Brennmaterial. Der Koch einer solchen Treckgemeinschaft trug Sorge dafür, daß unterwegs alle *chips* gesammelt wurden. Man bewahrte sie in einer Rinderhaut auf, die unter einem Wagen während der Fahrt ausgespannt war (Dick, 1941).

Noch um 1900 war das Sammeln der *cowchips* und *buffalo chips* zum Beheizen der aus Rasensoden aufgeführten Häuser (*sod-houses*) eine Nachmittagsbeschäftigung der Schuljugend in einigen Gegenden der Great Plains (Mather und Hart, 1956).

Die Verwendung in der Töpferei (siehe Seite 60) ist belegt bei den Hopi-Pueblo-Indianern. Diese hatten in früheren Zeiten hierfür Braunkohle (*Lignit*) gebrannt. In den zwanziger Jahren nahmen sie Schafdung, welcher zu geeigneten Kuchen geformt war. Der Luftzug wurde durch eine Decke geregelt, die zwei Mann vor dem Brennofen gegen den Wind hielten.

Das einzige Haustier Amerikas, dessen Kot schon in vorkolumbischer Zeit verfeuert wurde, ist das Lama. Im Hochland von Peru spielt es eine ähnliche Rolle wie Kamel und Yak in Tibet. Der Lamamist, die sogenannte *Takia* (Abb. 35), fällt in Mengen an und kann leicht gesammelt werden, da die Lamas nachts in geschlossenen Trupps lagern und die Gewohnheit haben, solche Plätze immer wieder aufzusuchen, sodaß sich der körnige, strohtrockene Mist anhäuft (Troll, 1943). Vermutlich hängt diese Gewohnheit der Tiere damit zusammen, daß die mistbedeckten Lagerplätze gegen die nächtliche Ausstrahlungskälte einen guten Schutz bieten. Als Kärger (1901) in den neunziger Jahren des 19. Jahrhunderts Peru bereiste, wurde Lamamist (in geringem Umfang auch Rindermist) in Körben auf den Markt von La Paz gebracht und dort verkauft. Die Stadt soll vorwiegend mit diesem Stoff geheizt haben. Außerdem gebrauchen sowohl die Aymara in Kolumbien wie auch die Quechua in Peru Mist zum Brennen von Tongeschirr. Dies geschieht auf einem hochgelegenen windigen Ort, in einem Ring von trockenem Mist, der von Steinen umgeben ist. Zum rascheren Entzünden ist trockenes Gras zwischen die Gefäße gestopft (Steward, 1946).

In der spanischen Zeit wurde *Takia* auch in großem Umfang für das Schmelzen von Metallen (siehe Seite 63) verwandt. Nach einem Bericht von 1603 wurden in der Minenstadt Potosi jährlich 800 000 *Takia*-Lasten verbraucht (Troll, 1943).

Vermutlich wurde die *Takia* schon in der Inkazeit verwandt. Im alten Peru hatte man zum Metallschmel-

Abbildung 35: Körniger Guanacokot (*Takia*) (Foto: Institut f. Haustierkunde, Kiel, 1958)

zen große tönerne Gefäße (Abb. 36), die auf Berghöhen standen, so daß der Wind durch ihre siebartig durchlöcherten Wände streichen konnte. Um die Stadt Potosi sollen mehr als 5 000 solcher Öfen gestanden haben (Danzel, 1925).

Abbildung 36: *Huayra*, südamerikanischer Windofen (nach de Lizarraga, 1605)

6 Die Wärme des fermentierenden Mistes

Eine altbekannte Tatsache ist es, daß bei der Rotte angehäufter organischer Substanzen durch Bakterientätigkeit Wärme entsteht. So erreicht Dünger schon kurze Zeit, nachdem das Material aus dem Stall heraus auf die Miststätte verbracht ist, erhebliche Hitzegrade. Es wurden schon verschiedene Kunstgriffe erprobt, diese Erwärmung in Grenzen zu halten, weil sonst der Mist an Düngewert verliert. Andererseits ist eine mäßige Erwärmung während der Rotte durchaus erlaubt und erwünscht.

Früher wurden Gewächshäuser und Frühbeete allein durch Mistpackungen erwärmt und ohne auf diese seit altersher geübte Verwendung näher einzugehen, weil hierüber eine umfangreiche Fachliteratur vorliegt, sei doch gesagt, daß das Verfahren offenbar aus dem Orient stammt. Mistbeetkulturen waren bekannt bei einigen Stämmen Kleinasiens. Hierher stammten die meisten der Seeräuber, deren Flotte Pompeius bekämpfte und im Jahre 67 v. Chr. vernichtete. Seneca (Epistulae) berichtet, daß nach ihrer Unterwerfung größere Volksteile nach Unteritalien umgesiedelt wurden, welche ihre Kenntnisse mitbrachten. Bald verbreiteten sich diese im Lande, und schon nach wenigen Generationen war man in Rom so weit, daß man dem Kaiser Tiberius, der ein großer Liebhaber von Gurken war, dieses Gemüse täglich frisch servieren konnte (Plinius, Historia Naturalis).

Tacitus berichtet in seiner „Germania" mit dem leichten Gruseln des verwöhnten Großstädters von den winterlichen Grubenwohnungen der Germanen, die mit einer dicken Schicht Mist bedeckt waren, um die Kälte abzuhalten. Wahrscheinlich war diese Weise, sich zu schützen, bei den alten Völkern recht verbreitet. Man darf aber sicherlich nicht annehmen, daß es das allgemein übliche Bild der Wohnkultur unserer Vorfahren, besonders auch zur Zeit des Tacitus, gewesen sei. Man kann eher vermuten, daß dieser Brauch in vorgeschichtlicher Zeit entstanden ist, als viehzuchttreibende Völker aus den holzarmen Steppengebieten Asiens und Südosteuropas sich zur Winterzeit eine feste Bleibe suchten. Nach Rhamm (1911) waren diese dungbedeckten Gruben nur Nebenbauten. Als die betreffenden Völker schließlich zum Landbau übergingen, mag diese Sitte auch in die waldreicheren Gebiete mit der Ausbreitung des Ackerbaus hineingetragen worden sein. Und so finden wir dann in Mittel- und Nordeuropa, wo ja zweifellos kein Mangel an Brennholz geherrscht hat, noch gelegentlich diese Form, die beim Eintreffen der Römer bereits einen Anachronismus darstellte. Bei den Nordgermanen ist das Bedecken der Grubenwohnungen mit Mist länger, z. B. auf Island, geübt worden. Urgermanisch *dung* bezeichnet nach Hoops (1912) einen Haufen oder eine Anhäufung. Das altnordische *dyngja* bedeutet dann schon Misthaufen, im übertragenen Sinne *Frauengemach*. Es wird vermutet, daß insbesondere die winterliche Webarbeit der Frauen in diesen Räumen betrieben wurde. Noch im Althochdeutschen heißt nämlich die unterirdische Wirkgrube der Frauen *dung*, wohingegen im Angelsächsischen das gleiche Wort einen erheblichen Bedeutungswandel erlitten hat. Hier verstand man darunter das unterirdische Verließ, in das man Übeltäter sperrte, schließlich allgemein ein Gefängnis, wobei bei der letzteren Einrichtung auf eine besondere Erwärmung sicherlich kein Wert mehr gelegt wurde.

Rhamm ist dem Worte weiter nachgegangen und fand in Tirol und Thüringen in alten Bauernhäusern einen Raum, *Dung* genannt. In Thüringen heißt so das dunkle Loch unter der Treppe oder ein Raum im Pferdestall unter dem Mist, in Tirol ebenfalls der Treppenwinkel. Aus Makedonien berichtet Rhamm von einer eigenartigen Sitte: Es gibt in der Gegend von Skoplje auf den Bauernhöfen eine Anzahl kleinerer Nebengebäude, eine davon wird *kućarica* genannt.

„Dies ist eine Art Grube. Sie wird von den Jungfrauen ohne männliche Hilfe im Mist auf dem Düngerhaufen nach dem Mitrov dan (26. Oktober, wo die Feldarbeit beendigt ist) hergerichtet und einige Tage nach dem Djurjev dan (23. April) niedergelegt. Im Mist wird eine kreisförmige Grube ausgehoben, aber nicht bis auf das Erdreich hinab, so daß unten eine dicke Lage Mist bleibt. Die Grube ist etwa 1 bis 1,5 m tief und so weit, daß höchstens vier Mägde darin Platz haben, gewöhnlich nur zwei bis drei. Durch den Mist wird eine kleine Tür gelassen. Am Ende der Grube werden einige Pfähle von etwa $\frac{1}{2}$ m Höhe eingeschlagen und um diese Mist gehäuft: das sind die Wände. Darüber kreuzen sich einige Schleissen, darauf kommt Roggenstroh, dann wieder Mist, das ist das Dach. Wegen schöneren Aussehens und damit der Mist nicht zutage tritt, werden einige Garben oben in ein Büschel gebunden, nach unten gespreizt auf das Dach gesetzt und oben darauf eine Hühnerfeder. So hat das Dach ein becherförmiges Aussehen. Das Licht fällt durch die Tür, ein Feuer wird nicht gemacht. In dieser *kućarica* bringen die jungen Mädchen vom achten Lebensjahre bis zur Heirat den ganzen Winter zu; denn im Winter arbeiten sie nichts im Hause. Des Morgens frühstücken sie und gehen dann in die *kućarica* bis zum Abend. Die Älteren unterweisen die Jüngeren in der Arbeit. Sie stricken und nähen alles, was im Hause nötig ist; am zeitraubendsten ist das Sticken der Hemden, was bei einem Staatshemd mindestens sechs Monate dauert. Wenn eine dies fertig bringt, gilt sie für sehr tüchtig und heiratet noch dasselbe Jahr. Verheiratete Frauen dürfen nicht in die *kućarica* hineinspähen (sie stricken nicht mehr, das wird vor der Verheiratung abgemacht)."

Eine ähnliche Sitte, allerdings ohne Verwendung von Mist, besteht nach Rhamm in Bulgarien. Sie verschwindet aber mit der Abnahme der Hausweberei.

Rhamm vermutet, daß es vielleicht Reste von Goten gewesen sind, die auf der Balkanhalbinsel siedelten und diese Spur in der Volkssitte der Südslawen hinterlassen haben.

Es ist jedoch nicht nötig, einen germanischen Ursprung des Brauches zu suchen; denn der griechische Geograph Strabon, der von 63 vor bis 23 n. Chr. lebte und die damals bekannte Welt bereiste, berichtet im siebten Buch seiner „Geographica" über einen Volksstamm in Illyrien:

„Die Dardaner sind ein Volk von Ackerbauern, sie bewohnen Höhlen, die unter dem Misthaufen gegraben sind."

Demnach ist der Bau derartiger Wohngruben schon lange vor der Einwanderung der Slawen auf der Balkanhalbinsel bodenständig gewesen. Wir haben es ebenso wie im Falle der Germanen, den Tacitus uns überliefert hat, mit einem Brauch zu tun, der in vorgeschichtliche Zeiten zurückreicht. Wie sich solche Gewohnheiten auf andere Völker vererbt haben, wie sie sich verbreiteten und dabei veränderten, kann, da weitere schriftliche Nachrichten fehlen, leider nur aufgrund von Bodenfunden und der Ergebnisse vergleichender Volkstumsforschung gemutmaßt werden.

Eine andere merkwürdige Nachricht hat Plinius (Historia Naturalis, Buch 17, Kap. 9) überliefert. Bei den Transpadanern, einer Gruppe von Stämmen, die nördlich des Po siedelten, wurde der Dünger verbrannt, aber nicht, um damit zu heizen sondern lediglich, um mit der Asche zu düngen — denn die Verwendung des rohen Mistes wurde für schädlich gehalten. Ein ähnliches Verfahren also, wie es einige Eingeborenenstämme in Afrika (siehe Seite 43) betrieben. Woher wußten diese Menschen von den Pflanzennährstoffen, die sie in der Asche des Mistes vermuteten? Zu Plinius' Zeiten siedelten nördlich des Po rhätische und keltische Stämme neben römischen Kolonisten. Auch hier ist es unklar, woher die Sitte stammt.

Eine Verwendungsart des Brennstoffes Mist wurde bislang noch ausgelassen, weil sie überleitet zu der technischen Verwertung der Fermentationswärme in moderner Weise.

Der römische Polyhistor Plinius wußte schon, daß die alten Ägypter Hühnereier in speziellen Öfen künstlich erbrütet haben. Krünitz (1784) führt dafür eine ganze Reihe von Belegstellen aus Reiseberichten des 18. Jahrhunderts an. In einem Dorfe des Nildeltas, 20 Meilen von Kairo entfernt, wurde diese Kunst noch immer geübt. Das Verfahren war offenbar ein Geheimnis der betreffenden Dorfgenossen, die Kenntnis wurde nur von den Eltern auf die Kinder vererbt, vor Fremden aber ängstlich geheimgehalten. In jedem Jahr wurden in eigens errichteten Brutöfen, bei den Einheimischen *mamal* genannt, viele Hunderttausend Küken erbrütet und im Lande verkauft. Europäische Fürsten, z. B. der Großherzog von Toskana, ließen Ägypter nach ihrer Residenz kommen. Daselbst soll das Ausbrüten auch gelungen sein, aber es war nicht möglich, das Verfahren nachzuahmen, weil die Kundigen ihr Geheimnis nicht preisgaben. Nach Krünitz wurde in den Öfen nichts anderes gebrannt, als mit Stroh gemischter Kuh-, Kamel- oder anderer Tiermist, der zu Kuchen geformt worden war. Holz und Kohlen hätten ein zu heftiges Feuer geliefert. Vermutlich wird es aber so sein, daß Haustiermist gebrannt wurde, weil dieser sowieso das wichtigste Brennmaterial darstellte.

Der Physiker Réaumur (1683–1757) erfuhr von diesen Öfen und bestellte sich vom französischen Konsul in Kairo ausführliche Angaben. Ein gewisser Pater Sicard schrieb den gewünschten Bericht, welcher hernach in den Missions du Levant 7. Teil (Sicard, 1729) abgedruckt wurde. Réaumur verfiel auf den Gedanken, nachdem auch er durch Feuer erwärmte Brutöfen konstruiert hatte, jene Wärme auszunutzen, welche bei der Lagerung von Stallmist in Stapeln oder Haufen spontan entsteht.

Unter einem Schuppen legte er zwei Mistbeete dicht nebeneinander an, so daß sie durch einen $3\frac{1}{2}$ Fuß tiefen Graben getrennt waren, in welchem die Luft durch den rottenden Mist erwärmt wurde. Die Vertiefung war nach oben durch Bretter abgedeckt. Diese Anlage beschickte Réaumur zunächst mit 200 Eiern, die auf Brettern oder in Körben lagen, und kontrollierte die Temperatur durch das von ihm erfundene Thermometer. Zunächst entwickelten sich die Hühnchen in den Eiern normal, was Réaumur regelmäßig durch Öffnen von Eiern überwachte, aber nach spätestens 13 bis 14 Tagen starben die Embryonen ab, so oft der Versuch auch wiederholt wurde.

Schließlich vermutete er, daß die Gase, welche dem rottenden Mist entströmten, die Hühnchen im Ei töteten. Von nun an benutzte er ein Faß (Abb. 37, 38), das mit Eiern beschickt war, derart, daß es in einen Miststapel so eingegraben wurde, daß die Mistdünste nicht eindringen konnten. Da die Temperatur des Mistes manchmal zu rasch anstieg, ersann er eine Vorrichtung, um die Wärme im Inneren des Fasses auszugleichen. Dazu gehörte hauptsächlich ein Einsteckthermometer in Verbindung mit wahlweise verschließbaren Lüftungslöchern. Sank jedoch die Temperatur zu stark, dann wurde das Faß von außen mit heißerem Mist umgeben, den man während der Brutzeit vorrätig halten mußte.

Mitunter ging jedoch auch in einem derart hergerichteten Faß die Brut noch ein, wenn aus irgendeinem Grunde die Luft in dem Inneren zu feucht wurde oder aber die Eier dem Faßboden zu nahe lagen, wo sich Kohlensäure ansammelte. Réaumur konstruierte deshalb noch andere vollendetere Formen von Brutöfen, die diese Mängel nicht mehr aufwiesen.

Ein Problem entstand nun darin, den zahlreichen mutterlosen Küken die Wärme der Glucke zu ersetzen.

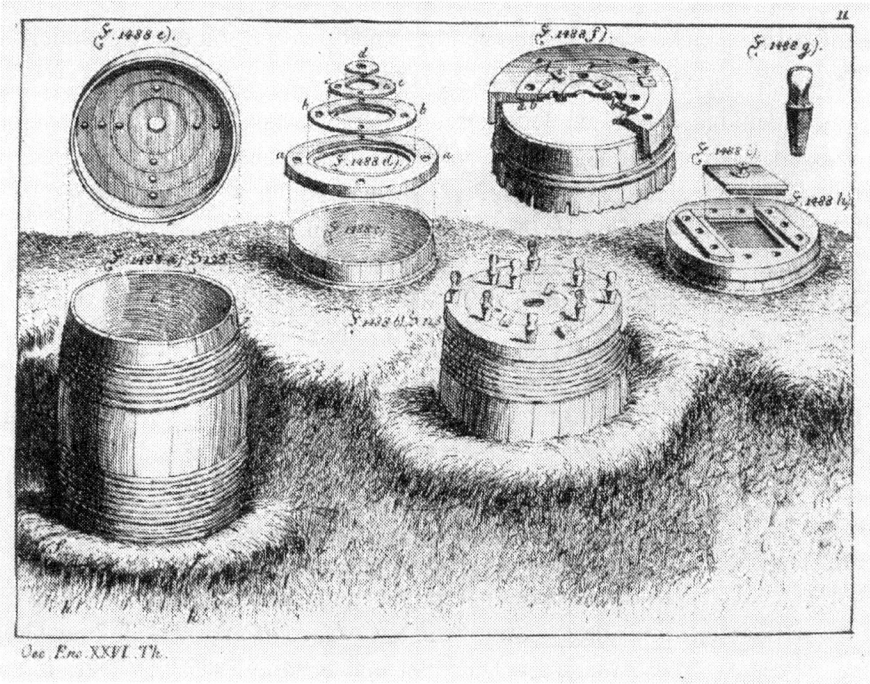

Abbildung 37: Außenansicht des in den Miststapel eingelassenen Brutfasses (nach Réaumur, 1751)

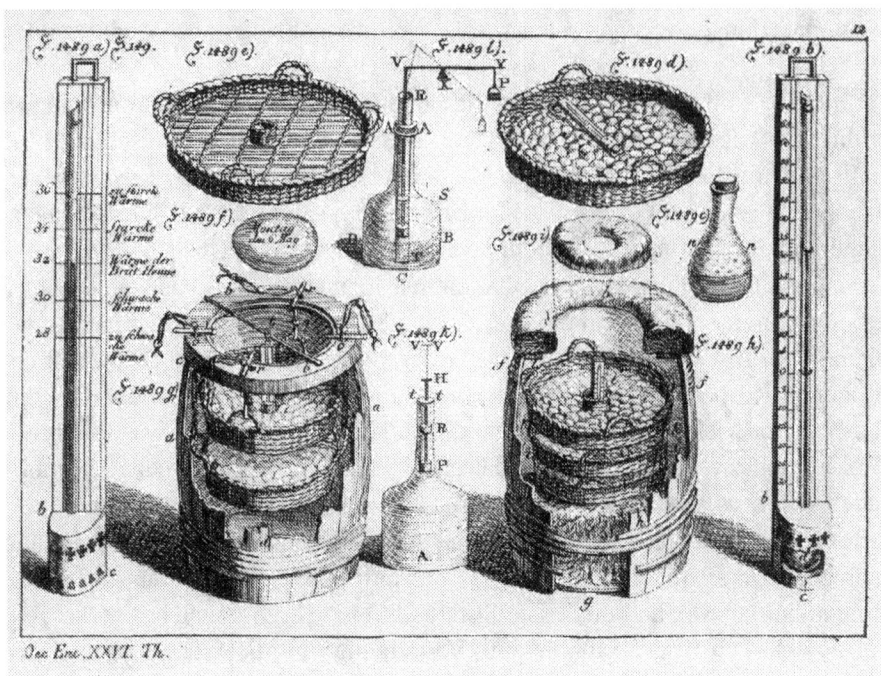

Abbildung 38: Das Innere des Brutfasses (nach Réaumur, 1751)

Auch hierzu bediente sich Réaumur weiter der Wärme des rottenden Mistes. Die Tierchen erhielten eine längliche Kiste als Kinderstube auf die Oberfläche eines Miststapels gestellt. Die eine Seite dieser Kiste (Abb. 40) diente als Auslauf und Futterplatz, am Ende der anderen Seite war ein Kasten mit abfallendem Deckel angebracht, welcher auf der Innenseite mit Fell ausgeschlagen war. Die jungen Hühnchen liefen, um sich zu wärmen, in diese Kästchen hinein und fanden unter dem Fell, je weiter sie nach hinten krochen, einen ähnlichen sanften und weichen Druck von oben wie unter den Flügeln einer lebenden Glucke.

Réaumur veröffentlichte seine Ergebnise 1751 in Paris (Abb. 39).

Es würde zu weit führen, hier alle Veränderungen und Verbesserungen anzuführen, welche Réaumur im Laufe der Zeit noch vorgenommen hat, um das Verfahren, wie man heute sagen würde, praxisreif zu machen. Leider ist es mir nicht gelungen, festzustellen, ob die Réaumur'sche Methode größere Bedeutung erlangt hat. Nach den wenigen Mitteilungen hierüber ist es jedoch kaum anzunehmen. Die künstliche Ausbrütung der Hühnereier wurde erst aktuell, als sich in Großstädten die Bevölkerung zusammenballte und zur Eierversorgung Hühnerfarmen gegründet wurden. Nunmehr aber war man auf die Wärme des rottenden Mistes nicht mehr angewiesen.

Immerhin hat auch in den letzten Jahrzehnten die Tatsache die Gemüter der Landwirte und Physiker bewegt, daß bei der Rotte des Stallmistes unkontrollierte Energiemengen frei werden und in die Atmosphäre entweichen. Schon frühzeitig wurde festgestellt, daß sich im Stallmiststapel Sumpfgas (Methan) bildet. Dieses Gas ist eine einfache Verbindung der Elemente Kohlenstoff und Wasserstoff, welche im frischen Mist ohnehin reichlicher vorhanden sind, als für eine gute Düngewirkung zuträglich ist. So lag es nahe, ein Verfahren zu suchen, dem Mist dieses Gas und damit seine Heizkraft zu entlocken, wobei man nicht zu befürchten brauchte, daß die als Pflanzennahrung wichtigen düngenden Bestandteile verlorengehen würden. Vor etwa 70 Jahren wurde dann erstmalig in einem technischen Verfahren die Methangärung zur Gasgewinnung ausgenutzt, und zwar durch Ducellier und Isman (1942) in Algerien, also in einem Lande, wo seit altersher der Mist als Energiequelle genutzt wurde. Das 1942 patentierte Verfahren wurde inzwischen in Europa, besonders in Deutschland, weiter verbessert.

Nach Ducellier und Isman wird ein zylindrischer Betonbehälter von 3 m Höhe und 3 m Durchmesser mit

PRATIQUE

DE

L'ART DE FAIRE ECLORRE

ET D'ELEVER EN TOUTE SAISON

DES

OISEAUX DOMESTIQUES

DE TOUTES ESPECES,

Soit par le moyen de la chaleur du
fumier, foit par le moyen de celle
du feu ordinaire.

*Par M. DE RÉAUMUR, de l'Académie Royale
des Sciences, &c. Commandeur & Intendant
de l'Ordre royal & militaire de Saint Louis.*

A PARIS,

DE L'IMPRIMERIE ROYALE.

M. DCCLI.

Abbildung 39: Titelblatt aus Réaumurs Werk

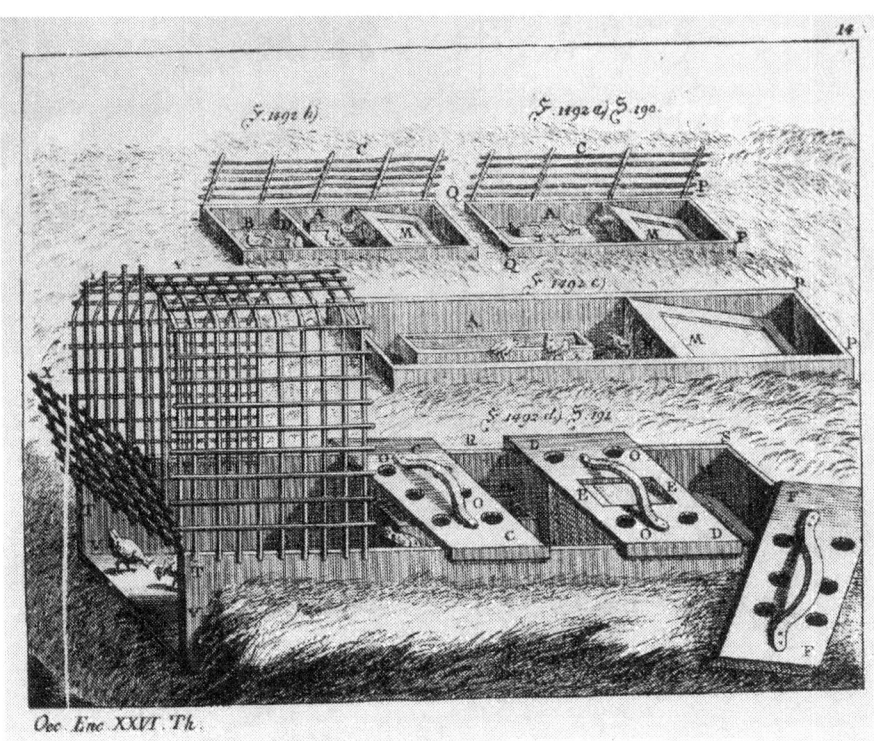

Abbildung 40: Ansicht der Brutkiste (nach Réaumur, 1751)

Mist gefüllt, alsdann durch einen Deckel aus Eisenblech geschlossen (Abb. 41). Die im Wiederkäuer-Kot vorhandenen anaerob lebenden Bakterien beginnen, sobald der Luftzutritt verhindert ist, mit der Produktion von Methan, das im Gemisch mit anderen entstehenden Gasen aus dem Gärbehälter in ein Gasometer überführt wird.

In den warmen Mittelmeerländern ist die Gasausbeute zufriedenstellend. Die beim Ein- und Ausfüllen erforderliche Handarbeit fällt nicht ins Gewicht, da Arbeitskräfte nicht teuer sind.

Im mittleren und nördlichen Europa wird nur kurze Zeit im Jahre die für eine gute Methanausbeute erforderliche Außentemperatur erreicht. Die optimale Leistung erbringen die Methanbildner bei etwa 35–40°C. Aus diesem Grunde müssen die Gärbehälter bei uns künstlich erwärmt werden. Trotzdem ist das Verfahren immer noch wirtschaftlich, insbesondere dann, wenn mit ihm eine Reihe arbeitsparender Maßnahmen, wie Mechanisierung von Stallentmistung, Beschickung und Leerung der Gärbehälter sowie Ausbringung des Faulschlamms verbunden sind. Auf diese Weise sind in Deutschland Anlagen geschaffen worden, welche die Energiewirtschaft von Gutsbetrieben völlig veränderten, da sogar die Zugmaschinen mit dem Faulgas betrieben werden können. Aber die vorteilhafteste Seite der Gasgewinnung aus Mist bleibt die Tatsache, daß die im tierischen Dünger enthaltenen, für Boden- und Kulturpflanzen so wichtigen organischen und mineralischen Stoffe nicht verloren gehen und in dem Stoffkreislauf des Betriebes ihre Aufgabe erfüllen.

So hat die uralte Erfahrung, daß im tierischen Dünger bedeutende Mengen von Energie stecken, erst in unserer Zeit in der schonenden Behandlung des wertvollen Gutes und in der technischen Vervollkommnung der Mittel ihre Krönung gefunden.

In den volkreichen Staaten Südostasiens, Indien und China, wurde die Gasgewinnung aus Stallmist und anderen Abfällen schon bald bekannt. Sie wird von Regierungsseite gefördert und ist inzwischen weit verbreitet.

Die Bundesrepublik bzw. die Deutsche Gesellschaft für Technische Zusammenarbeit förderte diesen Erfahrungsaustausch. Das Ziel war 1978 z. B. in China 40 Mio. Kleinanlagen in Gegenden zu bauen,

Abbildung 41: Biogasanlage nach Ducellier und Isman in der FAL BS-Völkenrode ca. 1955, vorn links: entleerter Gärbehälter mit abgenommenem Deckel, vorn rechts: geschlossener Gärbehälter, hinten: Gasometer (Foto: Institut für Humuswirtschaft)

Abbildung 42: Streuwagen für den ausgefaulten Stallmist aus einem Gärbehälter (Foto: Institut für Humuswirtschaft)

wo Brennstoffmangel herrschte. Neben Anlagen für häusliche Nutzung mit einem Volumen von 8–12 m^3 wurden auch größere Anlagen für ganze Siedlungen geplant (Braun, 1982; Weiland, 1995; Eggeling und Stephan, 1981).

Im indischen Pandschab gab es 1990 neben der althergebrachten Verwendung von Dungfladen zum Brennen auch schon fortschrittliche Bauern, die kleine Biogasanlagen für den Hausgebrauch besaßen. Das Gas wird zum Kochen der Speisen benutzt (Neue Zürcher Zeitung 11./12.02.1990).

Damit sind wir mit dem Bericht über die Nutzung tierischer Abgänge zur Wärmeerzeugung am Ende. Als Kuriosität ist noch nachzutragen, was Schramek (1915) aus dem Böhmer-Wald erzählt:

„Im neubezogenen Hause wird der Ofen das erste Mal mit Mist oder sonstigem stinkenden Material geheizt, weil man glaubt, daß durch den hierdurch entwickelten Gestank die Hexen ausgetrieben werden. Die Hausbewohner müssen währenddessen in der Stube bleiben."

Ob dieser Brauch ein Rest uralter Gewohnheiten eines Volkes ist, das im jetzigen holzreichen Siedlungsgebiet genug anderes Brennmaterial findet?

Vor der umwälzenden Erfindung der Eisenbahn, welche den Transport von Kohle in alle Gegenden zu günstigen Preisen ermöglicht, war mancher Orts, wie oben ausführlich dargelegt, der Mist der Haustiere das einzig Brennbare, was leicht und billig zu haben war.

7 Mist als Isolier- und Baumaterial

War bisher die Rede von der Wärme, die der verbrannte oder fermentierende Mist zu allen erdenklichen Zwecken hergab, so sollen nun ein paar Beispiele zeigen, wie Mist als Wärmeschutz gebraucht wird.

Vor nicht allzulanger Zeit konnte man auf dem Lande beobachten, wie Wasserleitungen während des Winters mit Stalldünger isoliert wurden, um sie vor dem Einfrieren zu bewahren. Ich erinnere mich aus meiner Militärdienstzeit (1937/38) bei der Artillerie in Fulda, daß die Hydranten im Kasernenbereich winters mit einer dicken Pferdemistumhüllung versehen wurden.

In Nordwestdeutschland hat man früher allgemein die Bienenkörbe mit einer Mischung von Kuhmist und Lehm überzogen, weil dies Mittel zusammen mit dem Strohgeflecht des Korbes das Bienenvolk hervorragend vor der Winterkälte schützt (Seglschneider, 1978).

Noch im 19. Jahrhundert wurde in Wales Kuhdung beim Errichten von Kaminen verwendet. Er widersteht der Hitze und wird dabei „hart wie Eisen", während Mörtel brüchig und bröckelig würde. Auch die Innenwände aus Flechtwerk werden mit einer Mischung aus Lehm, Kuhdung und Kuhhaaren verputzt (Peate, 1944).

Pallas (1771/76) schreibt von seinem Besuch am Jaik:
„Ein Theil der Tataren, welche auch viel Wollenvieh halten, zieht mit Filzgezelten herum; die Russen aber pflegen an denen Orten, wo sie das Vieh des Nachts zusammentreiben, sich Hütten von Korbwerk (*Baski*) zu flechten, die von aussen mit Leim (=Lehm) und Koth beworfen werden . . . ".

Petzholdt (1851) sah in Rußland, daß die Wände der Pferdeställe aus einem Gemisch von Stroh, Lehm und Mist erstellt wurden. Mist wurde aber auch sonst zu allerlei Bauten verwandt, z. B. Mauern sowie Umzäunungen von Gehöften, Gärten und Feldern. In Sibirien machte man aus dem Dünger Ziegel für kleinere Wirtschaftsbauten (Raitzyne, 1930). Bei Pax (1933) finden wir weitere Beispiele aus Orenburg in Sibirien, wo die einfachen Häuser der Vorstädte aus Mistziegeln errichtet sind, ebenso wie in Armenien und Turkestan. In Ungarn sah Ditz (1867) die Verwendung von Mistziegeln beim Häuserbau. Selbst in Dänemark kam es nach Stoklund (1954/55) gelegentlich vor, daß Stallwände, die im Winter einfielen, bis zum Frühjahr provisorisch mit Mistziegeln ersetzt wurden. In Langerhuse auf Harboöre war sogar noch ein altes Wohnhaus zu finden, dessen ganze Nordfront aus Grassoden und Schafmist aufgebaut war.

Kleinere Gelasse aus Mistziegeln errichten auch die Drupa-Tibetaner um ihr Zelt herum. Sie bewahren darin allerlei Gerätschaften, die sie in der Wohnung nicht unterbringen können, vor allem auch den im Sommer als Brennstoff getrockneten Schaf- und Yak-Dung (Rockhill, 1894).

Im Irak, im Libanon und in Syrien, vermutlich in allen arabischen Ländern wird oft beim Hausbau zum Errichten der Wände und Decken eine Mischung von Lehm und Mist hergestellt. Nach dem Trockenwerden erhalten die Außen- und Innenflächen einen Kalkanstrich. Diese Bauweise hilft, wie in Rußland gegen die Winterkälte, hier ebensogut gegen die Sonnenhitze (Ruppin, 1916; Schneller, briefl. Mitt. 1956).

In Südwest-Afrika machten die Hereros ihre Behausungen, die sogen. *Pontoks*, mit Weidenzweigen und Baumrinde dicht. Darauf wird Kuhmist gestrichen und zum Schluß zum Schutz gegen Regen eine Decke aus Mist und Lehm darüber gegeben (Irle, 1906; Passarge, 1905).

Mandela (1994) berichtet aus seiner Jugend im Transkei, wie in seinem Heimatdorf der Fußboden der Hütten — bienenstockartigen Bauten aus Lehmwänden — mit dem Material zerstampfter Ameisenhaufen hergerichtet wurde. Für das Glätten mußte man die Oberfläche mit frischen Kuhfladen überstreichen.

Auch europäische Siedler wandten dieses Verfahren an. Man kann es heute noch im Hause des Burenführers Pretorius besichtigen, das in Potchefstroom/Transvaal als Museum eingerichtet ist. Der Estrich wurde seiner Zeit mit Kuhdung als Bindemittel hergestellt.

Ähnlich verfahren die Massai (Reichard, 1892) und die Tatoga (Jäger, 1911) in Ostafrika. Die letztgenannten sind ein Viehzüchterstamm mit stark hamitischem Einschlag. Sie bauen ihre Hütten aus Rinderhäuten und verschließen die Fugen und Nähte mit Mist. Möglicherweise ist dieser Brauch auf einen nördlichen Ursprung zurückzuführen, wie man ja auch bei den Hereros Beziehungen zum hamitischen Volkstum erkannt hat.

Bei den früher in ganz Mitteleuropa weit verbreiteten Fachwerkbauten wurde ebenfalls Dung, meist Rinderkot verwendet. Dieser wurde in den Hauptbaustoff Lehm eingemischt, um ihn nach dem Trocknen stabiler zu machen. Das Gleiche gilt für den Lehmputz der Wände, sowohl außen wie innen. Von der Beimischung im Estrich bzw. zum nachträglichen Glätten desselben wurde schon berichtet. Krünitz hat 1796 im Band 70 seiner Enzyklopädie (Stichwort Lehm) die Gründe für die Beimischung von Pferdekot zum Lehm und das anzuwendende Verfahren beschrieben.

Die Neue Zürcher Zeitung (Spinner, 1990) berichtet von der Restauration eines schweizer Bauernhauses, wozu Lehmziegel mit Kuhdungbeimischung eigens angefertigt wurden. 1994 bringt die NZZ erneut einen Bericht über eine Fernsehsendung des ORF vom 12.2.1990, aus der zu ersehen war, daß der tierische Dung noch heute den Menschen in der dritten Welt wertvolle Baumaterialien und Brennstoff liefert. Die Lauenburgischen Nachrichten (Beilage der Lübecker Nachrichten vom 19.9.1996) brachten einen Bericht über die wieder auflebende Lehmbautechnik mit Hilfe von Sand und Rinderdung (Gerkens-Harmann, 1996).

1998 schrieb Orgeldinger über die Errichtung eines, nach archäologischen Funden konzipierten Keltenhauses in Landersdorf bei Thalmässing in Bayern. Das Baumaterial bestand zu sieben Teilen aus Lehm, einem Teil Roggenhäcksel und zwei Teilen frischem Kuhdung.

Mist wurde im Altertum und im frühen Mittelalter an der Nordseeküste im jetzigen Ost- und Westfriesland verwendet, um zusammen mit Erde *Wurten*, d. h. Wohnhügel zu erstellen, die bei Flut nicht überschwemmt wurden. Die in den Jahren 1955 bis 1959 ausgegrabene *Wurt* „Feddersen-Wierde" an der Unterweser nördlich von Bremerhaven wurde mit Erde und Stallmist aufgeführt und erreichte schließlich eine Höhe von 4 m über NN. Der Mist bildete im Aufbau der *Wurt* geschlossene Lagen, welche bei Überflutung völlig trocken blieben und so die Stabilität, der darüber stehenden Gebäude ermöglichte (Haarnagel, 1961) (s. auch oben S. 12).

Die in den Niederlanden in ähnlicher Weise errichteten *Wurten*, dort *Terpen* genannt, wurden im vorigen Jahrhundert vielfach abgebaut und die *Terpaarde* zu Düngungszwecken landesweit verkauft.

Daß man auch gelegentlich im Binnenland Mist benutzt hat, um Unebenheiten an Baustellen aufzufüllen oder den Boden durch Einlagerungen von Mistschichten zu befestigen, geht aus den Beobachtungen hervor, die 1958 zunächst bei Tiefbauarbeiten, dann bei Grabungen in Meißen gemacht wurden. Kaufmann (1959) zeigt die Abbildung (Abb. 43) eines Bodenprofils vom Domplatz auf dem Burgberg. Ein bis zwei Meter unter dem heutigen Niveau fanden sich überwiegend mit Stroh vermengte tierische Exkremente, die mit anderen Abfallstoffen „als Füll- bzw. Bindemasse" dienten.

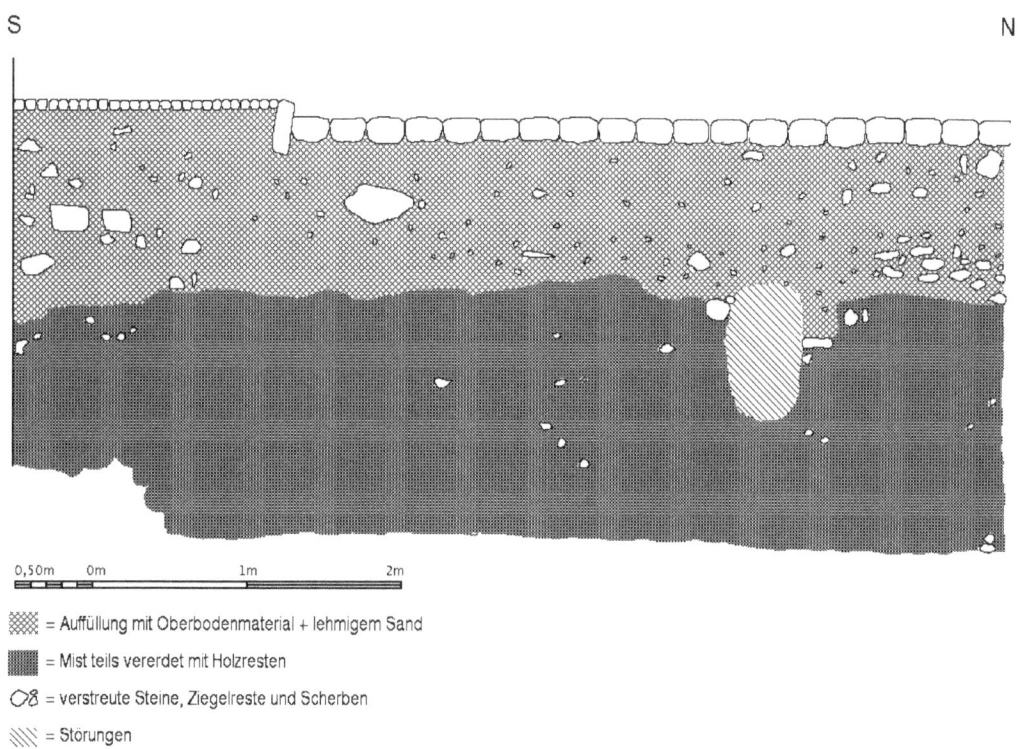

S   N

0,50m   0m   1m   2m

▨ = Auffüllung mit Oberbodenmaterial + lehmigem Sand

▓ = Mist teils vererdet mit Holzresten

◯ꝰ = verstreute Steine, Ziegelreste und Scherben

▧ = Störungen

Abbildung 43: Burgberg Meißen. Profil der Westwand des vor Domplatz 9 ausgeschachteten Grabens. (nach Kaufmann (1959), vereinfacht)

8 Kuriositäten der Mistverwendung

8.1 Digestion

Dobler (1955) hat in seiner Dissertation über „Conrad Gessner als Pharmazeut" verschiedene Angaben über Mist als Wärmequelle nachgeprüft und eigene Versuche angestellt.

„Bis ins 19. Jahrhundert herrschte allgemein eine gewisse Unsicherheit in der Regulierung der Temperaturen ... Bei der sogenannten *destillatio per fimum* vergrub man einen Digestionskolben mit oder ohne Helm bis zum Halse in Roßmist und ließ digerieren ... Durch unsere Versuche haben wir nachgewiesen, daß unter solchen Bedingungen eine Temperatur von maximal 40°C erzielt werden kann. Es kann daher nicht von Destillation gesprochen werden, sondern höchstens von Digestion. ... Wer zuerst auf die Idee kam, den Roßmist als Wärmequelle zu benutzen, wissen wir nicht. Allem Anschein nach muß diese Art von ‚Kunstfeuer' aber sehr alt sein. ... Gessner spricht davon in seinem „Thesaurus", wie wenn er von etwas sehr Vertrautem und Bekanntem reden würde. Tatsächlich führt er dann auch eine Menge Beispiele an, wann und wo *fimus* verwendet wird, ob er vermischt oder unvermischt oder das Wasserbad ersetzen könne."

In Marokko wird nach Quedenfeldt (1887) ein „sehr scharfer Branntwein" hergestellt, „indem man Traubensaft in einen porösen Tonkrug presst, diesen dann zuklebt und in einen Düngerhaufen eingräbt, wo man ihn 10–15 Tage läßt." Was dabei oder danach sonst noch passiert, schreibt Quedenfeldt nicht, dieses muß man sich denken. Immerhin sind wohl die Marokkaner irgendwie mit Hilfe des Mistes an Schnaps gekommen.

8.2 Bleiweiß

Diergart (1936) beschreibt die Erzeugung von Bleiweiß aus Blei und Essig auf der Insel Rhodos im vierten Jahrhundert v. Christus. Die nötige Wärme, um den Prozess zu beschleunigen, wurde in Stapeln von Pferde- oder auch Kamelmist erreicht. Das alte Verfahren wurde bis in die Neuzeit angewendet. Als Beispiel dient Krünitz (1784), der ausführlich beschreibt, wie das Verfahren in der Bleifabrik zu Berlin mit Hilfe von fermentierendem Pferdemist angewandt wurde. Es sei auf diese Darstellung verwiesen.

Ein *Mistbad*, früher Vorläufer des in der Chemie verwendeten Wasserbades, beschreibt Krünitz (1810): „*Mistbad* oder *Mistkasten*, war bey den älteren Chemisten, welche alle mehr oder weniger der Allchymie ergeben waren und deshalb viele Sorgfalt bey ihren Versuchen anwendeten um je den gehörigen Grad der Wärme zu treffen, eine Vorrichtung, um vermittels der Wärme des Pferdemistes gewisse chemische Operationen zu befördern."

8.3 Rauchen

Nach dem 2. Weltkrieg versuchten viele Raucher den benötigten Tabak selber anzubauen. Das gelang meistens ganz gut, aber der trockene Rohtabak ergab unfermentiert keinen guten Geschmack. Das Tabakforschungsinstitut in Forchheim bei Karlsruhe gab deshalb ein Merkblatt heraus (Koenig, 1947), um den frustrierten Rauchern zu helfen.

„Es gibt sogar Liebhaber, welche die mit Weißblech ausgeschlagenen Behälter in eine Packung von gärendem Pferdedung einbauen, wobei zu beachten ist, daß diese zuvor mit etwas Stroh oder Heu oder Laub vom Pferdedung abgesondert gehalten werden müssen."

Verschiedene Reisende haben beschrieben, wie bei einigen Völkern der Rauchtabak mit Mist gestreckt wird. Guinnard (1864), der in Patagonien drei Jahre lang bei den Tehuelchen gefangen war, berichtet, daß die Indianer niemals ihren Tabak allein rauchen, sie mischen ihn mit dem trockenen Mist vom Pferd oder Ochsen. Ähnliches fand schon Thunberg (1792/94) bei den Hottentotten, die ihren Tabak mit „Elefanten- oder Rhinozerosdreck" streckten. Nach der Entdeckung Amerikas hat sich der Tabakgenuss bald in Persien verbreitet. Allerdings wurde dort die Wasserpfeife, der sogenannte *Kalian*, entwickelt. Flandin (1851) berichtet:

„Da, durch Unerfahrenheit eine ähnliche Wirkung, wie bei Trunkenheit oder sogar Vergiftung auftrat erließ Schah Abbas der Große (1570–1629) äußerst strenge Anordnungen. ..., aber der Reiz der Neuheit war mächtiger als der Großkönig. Man erzählt, daß der Schah, des Erlasses unnützer Anweisungen müde, zu dem Mittel der Lächerlichkeit griff und sich einer List bediente. Er wollte seinen Höflingen die Sinnwidrigkeit verständlich machen, die in ihrer Vorliebe für das narkotische Gewächs bestand. ...er soll ihnen eines Tages, als sie sich in großer Zahl im Palast versammelt hatten, Pfeifen haben bringen lassen, die mit Pferdemist gestopft waren. Alle rauchten seelenruhig und sogen genüsslich den Rauch dieses einzigartigen Tabaks ein. Völlig außer sich soll Schah Abbas ausgerufen haben: ‚Verflucht sei diese Droge, die von Tierexkrementen nicht zu unterscheiden ist!‘"

So blieb dieser Versuch ohne Erfolg, und der Gebrauch des *Kalians* hielt sich auf unausrottbare Weise im persischen Volk.

8.4 Töpferei

Szabadfalvi (1958) berichtet aus Ungarn, daß die Brennöfen der Töpfer nach dem ersten Brand erneut mit Schafdünger beschickt wurden. Der nachfolgenden zweite Brand verlief durch Abdichten der Öfen nur unvollständig. Infolge der Entwicklung von Rauch, Ruß und Teer erhielt man die sogenannte schwarze Keramik. Hough (1926) berichtet von den Hopi-Indianern „Sheepdung in convenient cakes for pottery". Steward (1946) fand Düngerverwendung bei der Töpferei sowohl bei den Quechua wie bei den Aymara. Drost (1958) schreibt über die Töpfereitechnik in Afrika und nennt mehr als zwanzig Eingeborenenstämme, die beim Bereiten von Tongeschirren Mist als Brennstoff nutzen. Es muß hier auf seine ausführliche Arbeit verwiesen werden.

Die Technik und die sonstigen Voraussetzungen der Töpferei im Niltal geht aus einer Schilderung Schliemanns (1887) hervor:

„Jetzt werden alle Topfwaren Ägyptens auf der Scheibe gedreht, jedoch beweisen die vielen glänzend roten, aus der Hand gemachten Gefäße meiner Sammlung, daß in uralten Zeiten die ägyptischen Vasen genau so gemacht worden sind, wie sie noch jetzt in den Dörfern unterhalb Kalabsche in Nubien fabriziert werden, wo ich der Anfertigung mehrfach beigewohnt habe. Letztere geschieht durch die Frauen. Das Material ist der Alluvialboden der Straße, welcher vor dem Durchbruch der einstigen Wasserfälle im Engpass von Kalabsche abgelagert und daher wenigstens 3 000 Jahre alt ist, denn jetzt ist der höchste Wasserstand der periodischen Überschwemmungen um 8–9 m niedriger, als die Bodenfläche der Dörfer. Nachdem die Erde angefeuchtet und geknetet ist, macht die Nubierin das Gefäß aus der Hand, fast ebenso schnell, wie es mit der Scheibe möglich ist, zwar etwas dick, aber doch graziös. Nachdem etwa 50 Gefäße angefertigt, in der Sonne getrocknet, mit einem glatten Stein poliert und mittels eines Lumpens mit einer in Sesamöl aufgelösten roten Erde, die man in unmittelbarer Nähe im Arabischen Gebirge findet, bestrichen sind, packt man sie in trockenen Kamel- und Büffeldung auf einer Art von Tenne, die einen etwa 20 cm hohen Rand hat. Darauf zündet man den Dung an und läßt ihn ruhig zu Asche verbrennen, worüber mehrere Tage vergehen, und bringt dann die vollkommen fertigen Gefäße zum Verkauf."

Eine ganz ähnliche Technik sah Bauer (1903) im Ostjordanland. Hier wird das Geschirr in eine Erdgrube gestellt, rundherum in Mist eingebettet, der dann entzündet und während des Brands nach Bedarf ergänzt wird. Ähnlich verfährt man in Bornu, südlich des Tschadsees, nur daß hier zum Brennen Schaf- oder Ziegenmist gebraucht wird. Darüber kommt etwas Holz und trockenes Gras. Im allgemeinen ist der

Brand nach 12 Stunden beendet (Duisburg, 1942). In gleicher Weise arbeiten die Herero in Südwest-Afrika. Die Gefäße werden aus dem Lehm von Termitenbauten geformt und in einem Loch im Boden mit Kuhmist gebrannt, welcher in die Gefäße hineingefüllt wird und sie von außen umgibt. Die Tonwaren der Hereros sind allerdings nur wenig haltbar. Die Verbreitung des Gebrauchs von Mist in der Töpferei der afrikanischen Völker geht aus der Arbeit von Drost (1958) hervor. Hier findet sich auch eine übersichtliche Verbreitungskarte.

8.5 Brotbacken

Daß schon die alten Ägypter ihre Backöfen mit Mist befeuert haben, wird nach einer kurzen Bemerkung von Herodot (2. Buch, Kap. 36) vermutet.

Aus biblischer Zeit haben wir im Buch Hesekiel eine Belegstelle. Dem Propheten wird von Jehova auferlegt, den Juden das Bild einer Belagerung von Jerusalem recht drastisch darzustellen, deren sie sich zur Strafe für ihren Unglauben zu gewärtigen haben sollten. Hesekiel 4, 12 lautet:

„Gerstenkuchen sollst Du essen, die Du vor ihren Augen mit Menschenmist backen sollst."

Dies war für die Vorstellung eines frommen Juden, der gehalten war, die strengen Vorschriften des Levitikus bezüglich Reinheit und Reinlichkeit zu befolgen, eine arge Zumutung. Dagegen setzt sich der Prophet auch gleich zur Wehr, indem er sich darauf beruft, noch nie gegen die Reinheitsgebote verstoßen zu haben, und Jehova gewährt seine Bitte, Vers 15:

„Siehe, ich will Dir Kuhmist für Menschenmist zulassen, damit Du Dein Brot backen sollst."

Ob tatsächlich im Orient je Menschenmist gebrannt wurde, ist damit natürlich nicht geklärt. Allein die Vorstellung davon war schon ein Greuel, den man vielleicht den Heiden nachsagte, um ihnen einen Schimpf anzutun. Daß aber mit Kuhmist schon damals, also vor der Waldverwüstung im Heiligen Land, gefeuert wurde, scheint nach dieser Bibelstelle unzweifelhaft zu sein.

Vor hundert Jahren haben Bauer (1903) und Musil (1907/08) in Palästina und dem Ostjordanland beobachtet, daß neben Stroh auch Dünger in den Backöfen gebrannt wurde.

Omrani (mdl. Mitt. 1991) besuchte im August 1991 ein Dorf bei Zabol im ostiranischen Belutschistan. Dort fand er große Vorräte an Düngerfladen, zum Teil noch auf Mauern angeklebt, und beobachtete eine Familie beim Brotbacken (Abb. 25, S. 32 und Abb. 44).

In Ungarn wurden in den dort üblichen Backöfen auf einmal sechs Brote gebacken. Man benötigte dazu 12 getrocknete Schafmistziegel (s. Abb. 13, S. 21). Wenn diese ausgebrannt waren, wurde die restliche Glut im Ofen zerstreut. Vor dem Einlegen des Brotes wird nochmals Stroh verbrannt damit auch die Wände des Backofens erwärmt werden (Györffy, 1910).

Zum Brotbacken gebrauchten auch die kurdischen Bauern am Van-See in Ostanatolien den Dung von Rindern, Schafen und Ziegen (Hellmich, briefl. Mitt. 1960).

Das Backen des Brotes glückte indessen nicht immer, wie Vámbéry (1865) erlebte.

„...ich glaubte, anstatt des Holzes ...den Kamelkot, unser gewöhnliches Brennmaterial, verwenden zu können. ... Ich steckte den Teig in die heiße Asche und entdeckte nach einer halben Stunde, das die Hitze nicht hinreichend war. Ich mußte also ...mein ungesäuertes Brot in halbgebackenem Zustand mitnehmen."

8.6 Insektenabwehr

Von der Moskitoplage am Okawango berichtet Schinz (1891):

„Meine Leute waren klüger gewesen, sie hatten frisches Laub und Rindermist auf ihr Lagerfeuer gehäuft, und der auf diese Weise entstehende dicke Rauch barg sie sicherer als meine kunstsinnig ausgedachten Verrichtungen. Not bricht bekanntermaßen Tugend, und so legte auch ich mich, die zwischen Baas und

Abbildung 44: Einer der typischen in die Erde eingelassenen persischen Backöfen, die mit Mistkuchen
befeuert werden. Die Frau zeigt ein darin frisch gebackenes Fladenbrot.
(Foto: Omrani, 1991)

Dienern bestehenden sozialen Schranken niederreißend, längs meines Bergdamara ans Feuer und nun erst hatte ich Ruhe. . . . "

Humboldt (1977) schreibt in seinem Reisebericht aus dem Orinokogebiet in Südamerika von der entsetzlichen Moskitoplage dieser Gegend, gegen die fast alle Hilfsmittel versagen. Die Menschen, insbesondere Europäer, leiden schwer unter allen möglichen Folgeerscheinungen der Instektenstiche.

„Ein schwacher Wind, Rauch, starke Gerüche helfen an Orten, wo die Insekten sehr zahlreich und gierig sind, so gut wie nichts. . . . allerdings: Die Indianer loben sehr den Dunst von brennendem Kuhmist. Ist der Wind sehr stark und regnet es dabei, so verschwinden die Moskiten auf eine Weile. . . . "

In allen bewaldeten Gegenden wie im Herzen der Pampa ist man während der heißen Zeit schrecklich belästigt durch Mücken, die einen um jeden Schlaf bringen. Die Indianer tragen vor dem Einschlafen Sorge, ihren Körper sorgfältig einzuhüllen und den Kopf zum Wind hin zulegen. Zuvor zünden sie kleine Haufen von halbtrockenem Mist an, dessen dichter Qualm über ihr Gesicht streicht und die lästigen Besucher fern hält (Guinnard, 1864).

Ähnlich berichtet Stuhlmann (1894) von den Wanyamwezi:
„Ein stark qualmendes Feuer von Rindermist schützt die Tiere auf dem Viehhofe bei Nacht."

„Um Fliegen und Zecken fernzuhalten zündet man bei den Konde in Ostafrika den Rindern mit Mist genährte, schmauchende Feuer an, deren Rauch die Tiere mit offenbarem Verständnis für die ihnen gebotene Wohltat aufsuchen. Sie kommen im Trabe herbei gelaufen und stellen sich in den dicksten Rauch." (Fülleborn, 1906)

In den sibirischen Waldgebieten ist die Insektenplage (Bremsen, Mücken, Blasenfüße) für das Vieh groß. Um die Tiere wenigstens etwas vor den Angriffen dieser Insekten zu schützen, wird auf den Weiden Tag und Nacht ein „Rauch aus Viehmist unterhalten, in dessen erstickendem Dunste das Vieh einigen Schutz findet." (Jarilov, 1896)

Den Qualm von brennendem Mist benutzen auch die Imker, wenn sie an ihren Bienenstöcken arbeiten. Dies berichtet Moszynski (1929) aus Mittelpolen sowie Steiner (briefl. Mitt. 1957) aus der Provinz Guadalajara in Spanien.

8.7 Schmiedefeuer und Erzschmelze

Die Xosa-Kaffern in Südafrika brannten Ochsenmist in ihren Schmiedefeuern (Lichtenstein, 1860).

Die Gewinnung von Silber aus dem Erz war bereits im Inkareich bekannt. Man verwandte dazu Windöfen, die mit den Kotbällchen von Lamas oder Guanakos beschickt wurden. Getrocknet sind diese ein gutes Feuerungsmaterial. Die Windöfen, kleine mannshohe tönerne Gefäße, sog. *huayras*, standen auf Berggipfeln, wo der Wind kräftig blies. Sie wurden mit gewaschenem, zerkleinertem Erz und dem Brennmaterial gefüllt. Der Luftzug erzeugte in dem Erz-Takia Gemisch hohe Temperaturen, die das Erz zum Ausschmelzen brachten. Das reine Metall wurde in ein Gefäß unter der *huayra* aufgenommen. Eine anschauliche Abbildung (Abb. 36) eines *huayra* findet sich auf Seite 46 (s. de Lizarraga (1605) und Nordenskiöld (1931)).

Von Tschudi gab 1846 ein anschauliches Bild über die Technik der Trennung des Silbers vom Blei. Es gab jetzt verbesserte Schmelzöfen, die aber ebenso wie in der alten Zeit mit *Takia* von Schafen, Lamas und Guanakos betrieben wurden, obwohl es inzwischen auch Steinkohlen gab.

8.7.1 Eisenguß

Als ich 1936 in Mannheim das Abitur bestand, hatte ich einen Klassenkameraden, Hans Brehm, der anschließend ein Praktikum im damaligen Heinrich-Lanz-Werk absolvierte. Er war unter anderem in der Gießerei tätig. Als ich ihm von meinen Arbeiten über Mistverwendung erzählte, erinnerte er sich, daß in der Gießerei der Formsand, insbesondere der Kernsand, einen Zusatz von Pferdemist erhielt. Ich bat die

John-Deere-Werke (früher Heinrich Lanz) in Mannheim um nähere Auskünfte und erhielt freundlicherweise sehr bald Antwort (Tacke, briefl. Mitt. 1997):

„Generell handelte es sich hier nicht um ein altes Eisengußverfahren, sondern um die Tatsache, daß unsere Altvordern aus Beobachtungen und Erfahrungen wußten, wie sie Prozesse beeinflussen konnten.

In der Gießereitechnik sind viele dieser angewandten experimentellen Verfahren, vornehmlich um die Jahrhundertwende und in den zwanziger Jahren, wissenschaftlich untermauert worden.

Nun zu Ihrer speziellen Frage des Untermischens von Pferdemist in Kernsande. Hierzu ist zu bemerken, daß die Kernsande in damaliger Zeit aus sehr hoch tonhaltigen Natursandvorkommen bestanden. Man bezeichnete sie in damaliger Zeit auch als Lehmkerne, wobei auch dieser ‚Werkstoff‘ eingesetzt und verwandt wurde.

Es ist leicht verständlich, daß bei diesen Kernwerkstoffen, die als Grundstruktur Quarzsand verschiedener Klassifikationen und Ton enthielten, die Gasdurchlässigkeit nicht sehr hoch war. Man wollte feinkörnige Sande haben, die nämlich eine glatte Oberfläche ergeben, aber eben diese Feinkörnigkeit, versetzt mit Ton, hatte ihre negativen Auswirkungen insofern, daß die Gasdurchlässigkeit des Kernes beim Gießen miserabel war.

Um dies zu beeinflussen hat man Pferdemist, besonders den Lehmkernen, beigemischt. Der Pferdemist enthielt unverdaute Häcksel- und Haferreste, die bei dem Trocknungsprozess vergasten und damit Hohlräume hinterließen. Außerdem wirkten diese Bestandteile als Pufferstoffe und verhinderten Risse beim Trocknungs- oder Gießprozeß, da ja die Alpha-Beta-Quarzumwandlung bei ca. 550°C auftritt.

Ein weiterer Grund bestand darin, daß man den Ammoniak des Pferdemists nutzbar machen wollte. Der Zerfall des Ammoniaks bei höheren Temperaturen verläuft bekanntlicherweise als exotherme Reaktion und produzierte damit eine reduzierende Atmosphäre. Diese reduzierende Atmosphäre ist als ein Gaspolster zu verstehen, welches die unmittelbare Berührung des Metalls mit dem Kern erschwerte. Damit erreichte man auch wieder glatte Oberflächen. Nach heutigen Erkenntnissen ist auch die Vermutung, daß sich Glanzkohlenstoff bildet, nicht falsch. Dieser wirkt ähnlich wie vorher beschrieben.“

8.7.2 Mistasche

Über die Gewohnheit, mit der Asche von Mistfeuern zu düngen, berichtete schon Plinius.

Baum (1903) sah Düngung mit Asche von Gras und trockenem Mist in Südangola am Kubango.

Nach Trippner (1955) wird in Chinghai die Herdasche von den Mistfeuern auf den Düngerhaufen geworfen.

Wie Frischbier (1882/83) berichtet, wurde im Werder der *Äsel*, die Asche von Stroh, Schilf, Dünger und bisweilen Torf zum Bereiten einer „vortrefflichen Lauge“ benutzt.

Auch im Hochtal Avers in Graubünden wird aus der Schafmistasche eine Waschlauge hergestellt, die bei den Hauptwäschen im Frühling und Herbst verwendet wird. Früher wurde die Asche sogar in anderen Dörfern gegen Lebensmittel eingetauscht (Stoffel, 1938). Wildhaber (1950) bestätigt die von Stoffel gemachten Beobachtungen aus den Averser Orten Juppa und Cresta.

Mistasche als Ersatz von Kochsalz wurde zu Speisen von den Patagoniern verwendet (Guinnard, 1864).

Dank

Auskünfte, Beratung und Hilfe bei der Beschaffung von Literatur und Illustrationen erhielt ich von

M. Başoglu, Izmir;   H. Böhle, Norden;   H. Bohlken, Kiel;   M. de Bouard, Caen;
N. Brahmstädt, Hamburg;   H. Brehm, Zürich;   J. Brunotte, Braunschweig;
R. Butschillinger, Mannheim;   K. Deichgräber, Göttingen;   K. Dittmer, Hamburg;   W. Eilers, Marburg;
K. Eldjárn, Reykjavík;   K. Enigk, Hannover;   S. Erixon, Stockholm;   A. Falkenstein, Heidelberg;
H. Frenz, Stein bei Nürnberg;   P. Gauja, Paris;   H. Glathe, Gießen;   Frau Kerstin Graff, Hamburg;
F. M. Heichelheim, Toronto;   W. Heissig, Bonn;   W. Hellmich, Münden;   W. Herre, Kiel;
V. Hernando, Madrid; W. Heuser, Bayreuth;   F. Baron Stael von Holstein, Braunschweig;
Frau Dr. M. Hopf, Mainz;   H. Janetschek, Innsbruck;   H. Jankuhn, Göttingen;   A. Jewell, Reading;
E. Julin, Haparanda;   H. Kaufmann, Meißen;   N. Keltsch, Dorum;   W. Könenkamp, Meldorf;
Frau Prof. Dr. U. Körber-Grohne, Wiesensteig;   W. Konrad, Hildesheim;   H. Kothe, Berlin;
G. Kramer, Kairo;   A. Krarup Mogensen, Aarhus;   W. G. Lambert, Toronto;   R. Lauche, Braunschweig;
P. Leser, Hartfort;   A. T. Lucas, Dublin;   N. Lüpkes, Dornum;   E. Manker, Stockholm;
G. Niemeier, Braunschweig;   K. H. Olsen, Braunschweig;   G. A. Omrani, Teheran;   I. Peate, Cardiff;
R. Pittioni, Wien;   H. Plischke, Göttingen;   I. M. G. van der Poel, Wageningen;
E. Pontoppidan, Kopenhagen;   H. Rasmussen, Odense;   M. Röhrs, Kiel;
Frau Dr. C. Schiller, Braunschweig;   R. Schindler, Hamburg;   H. Schneller, Kirbet-Kanafar;
W. Schöne, Leipzig;   M. Schramm, Frankfurt/M.;   P. Schröter, Lamme;   S. Seyfarth, Frankfurt/M.;
K. Sommer, Braunschweig;   W. Steiner, Madrid;   B. Stoklund, Sorgenfri-Lyngby;   B. Struck, Jena;
D. Tacke, Mannheim;   C. Tietjen, Arnsberg;   E. von Törne, Eberswalde;   J. Trippner, St. Wendel;
C. Troll, Bonn;   L. Vajda, Budapest;   P. Weiland, Völkenrode;   A. Westrén-Doll, Göttingen;
J. Weyns, Bokrijk;   R. Wildhaber, Basel;   N. Winter, Witzenhausen;   E. Wirth, Hamburg;
Frau Zicsi Andrásné, Budapest;   O. Zierer, Gröbenzell;

Von folgenden Instituten erhielt ich freundliche Hilfe: Bibliothek und Bildstelle der Forschungsanstalt für Landwirtschaft in Braunschweig; sowie von deren Institut für Betriebstechnik und Bauforschung; vom Deutschen Landwirtschaftsmuseum, Hohenheim; vom Lolland-Falsters Stiftsmuseum, Maribo; vom Institut für Haustierkunde, Kiel.

Otto Graff

Unter die Überschrift Dank paßt auch mein Anliegen.
Ich möchte mich ganz herzlich bei meinem Großvater für das mir entgegengebrachte Vertrauen bedanken. Daß wir diese Schrift gemeinsam auf den Weg gebracht haben, bedeutet mir sehr viel.

Rhea Graff

Abbildungsverzeichnis

1   Gesammelte Rinderfladen auf der Insel Röm mit Hausmarke des Eigentümers
    (Foto: Stoklund, 1954/55)   8
2   Einsammeln der Fladen (Foto: Stoklund, 1954/55)   8
3   Trocknen der Mistbriketts auf der Hallig Hooge (Aus: „Hör zu" Nr. 17, 1958)   9
4   Trocknen der Mistbriketts auf dem Festland in Nordfriesland 10
5   Diddenspaten in unterschiedlicher Ausführung (nach Konietzko) 11
6   Mistkuchen zum Trocknen aufgestellt: südliche Vendée, 25 km NW von La Rochelle,
    5–10 km von der Küste (Foto: W. Duve, Bad Harzburg, 1959) 15
7   Strohgedeckter Schuppen mit getrockneten Kuhfladen (nach Pittioni) 16
8   Häuser im Averser Tal mit der Laubenfront nach Süden ausgerichtet (Foto: R. Wildhaber) . 17
9   Gespaltene Schafmistblöcke in Avers-Cresta zum Trocknen gestapelt (Foto: R. Wildhaber) 18
10 Schafmistblöcke vor der Weiterverarbeitung (Foto: R. Wildhaber) 19
11 Rahmen zum Formen der Mistziegel 20
12 Einstampfen des Mistes in den Rahmen 21
13 Aufsetzen der frischen Mistziegel zum Trocknen (Abbildungen 11–13 sind Zeichnungen
    von Frau Zicsi Andrásné, Budapest) 21
14 Deutscher Soldat in der Ukraine vor einem Stapel Düngerbriketts (Foto: Glathe, 1942) . . 23
15 Trocknen von Dünger in einer mohammedanischen Siedlung der Ukraine
    (Foto: Glathe, 1942) 24
16 Auf halbem Wege zwischen Eriwan und Tiflis in einem kleinen Gebirgsdorf
    (Foto: C. Schiller, 1932) 25
17 Trocknung von Düngerfladen in der Baumwollkolchose Sandza (Foto: C. Schiller, 1932) . 25
18 Syrische Frau mit Kind vor einem Stapel Brennmaterial. (Foto: Williams, o.J.) 26

19 Im größten Lehmhüttenkomplex Bagdads. Allenthalben zum Trocknen
    aufgestellte Mistfladen (Foto: Wirth, 1955) 28
20 Frauen beim Abtransport der Dungfladen (Foto: Wirth, 1955) 29
21 Im Mündungsgebiet des Euphrat (Foto: Wirth, 1955) 29
22 Auf dem Markt zu Sanaa (Aus: „Freie Welt" Berlin, Heft 29, 1958) 30
23 Trocknung von in Form gepressten Düngerkuchen in einem zentralanatolischen Dorf
    (Foto: Olsen, 1953) 31
24 Trocknen des Brennmaterials bei einem Dorf am Van-See (Ostanatolien)
    (Foto: W. Hellmich, etwa 1957) 31
25 Brennstoffvorrat zum Trocknen auf dem Dach einer Hütte bei Zabol (Foto: Omrani, 1991) 32
26 Düngertrockner: Feuerbecken und Eisenplatte (nach Prinz 1915) 33

27 Trocknen der *Dungcakes* in Madura/Indien (Foto: Graefe, 1929) 35
28 Trocknende *Dungcakes* in einem indischen Dorf (Foto: von der Decken, 1958) 35
29 Transport zum Verkauf (Foto: Graefe, 1929) 36
30 *Dungcakes* als Traglast (Foto: Graefe, 1929) 36
31 Verkauf auf dem Markt (Foto: Graefe, 1929) 36
32 Goldschmied in Madura bei der Arbeit, im Vordergrund das Brennmaterial
    (Foto: Graefe, 1929) 37

33   Mongolische *Argol*sammlerin (Foto: Heissig, 1955)   40

34   *Argol*sammlerin: Titelseite eines Gedichtbandes von Sayitsunggha (vergl. Heissig, 1955) .   41

35   Körniger Guanacokot (*Takia*) (Foto: Institut f. Haustierkunde, Kiel, 1958)   46

36   *Huayra*, südamerikanischer Windofen (nach de Lizarraga, 1605)   46

37   Außenansicht des in den Miststapel eingelassenen Brutfasses (nach Réaumur, 1751)   49

38   Das Innere des Brutfasses (nach Réaumur, 1751)   50

39   Titelblatt aus Réaumurs Werk   51

40   Ansicht der Brutkiste (nach Réaumur, 1751)   52

41   Biogasanlage nach Ducellier und Isman in der FAL BS-Völkenrode (Foto: Institut für
      Humuswirtschaft)   53

42   Streuwagen für den ausgefaulten Stallmist aus einem Gärbehälter
      (Foto: Institut für Humuswirtschaft)   53

43   Burgberg Meißen. Profil der Westwand des vor Domplatz 9 ausgeschachteten Grabens.
      (nach Kaufmann (1959), vereinfacht)   57

44   Einer der typischen in die Erde eingelassenen persischen Backöfen, die mit Mistkuchen
      befeuert werden (Foto: Omrani, 1991)   62

Schrifttum

Anonymus (1958) Auf der Hallig Hooge. Hör zu <u>17</u>

Auhagen H (1907) Beiträge zur Kenntnis der Landesnatur und der Landwirtschaft Syriens. Berlin

Bauer L (1903) Volksleben im Lande der Bibel. Leipzig

Baum H (1903) Kunene-Sambesi-Expedition. Berlin

Beck W G (1943) Beiträge zur Kulturgeschichte der afrikanischen Feldarbeit. Studien zur Kulturkunde <u>8</u>. Frankfurt/M. u. Stuttgart

Boettger C R (1958) Die Haustiere Afrikas. Jena

Booysen J (1828) Beschreibung der Insel Silt. Schleswig

de Bouard M Briefliche Mitteilung. Dezember 1958

Braun R (1982) Biogas - Methangärung organischer Abfallstoffe. In: Innovative Energietechnik, Wien: Springer-Verlag

Brockhaus (1988) Brockhaus Enzyclopädie. 19. Auflage Band 7, Stichwort „Feuer"

Buffet H F (1947) En Bretagne morbihannaise. Grenoble-Paris

Camerer J F (1758/62) Vermischte historisch politische Nachrichten in Briefen von einigen merkwürdigen Gegenden der Herzogthümer Schleßwig und Hollstein. 2 Bde. Flensburg und Leipzig

Cech C O (1878) Der Kisjak, ein südrussisches Heizmaterial. Polytechnisches Journal <u>228</u>

Chardin J (1785) Voyage en Perse et autres lieux de l'Orient. 5 Bde. Amsterdam

Christian V (1917/18) Volkskundliche Aufzeichnungen aus Haleb (Syrien). Anthropos <u>12/13</u>. Wien

Consten H (1919) Weideplätze der Mongolen im Reiche der Chalcha. 2 Bde. Berlin

Correus C (1891) Fortid og Nutid i Skanør og Falsterbo. „Museum" Kopenhagen

Cressey G B (1951) Asia's Land and Peoples. A Geography of One-third of the Earth and Two-third of its People. New York: Mac Graw-Hill

Dachler A (1907) Die Ausbildung der Beheizung bis ins Mittelalter. Berichte und Mitteilungen des Altertumsvereins <u>40</u>. Wien

Danzel T W (1925) Handbuch der präkolumbischen Kulturen in Lateinamerika. Hamburg

Davies D (1795) The Case of Labourers in Husbandry. London

von der Decken Mündliche Mitteilung. 1958

Dick E N (1941) Vanguards of the frontier. A Social History of the Northern Plains and Rocky Mountains from the Earliest White Contact to the Coming of the Homemaker. New York

Diergart P (1936) Das Bleiweiß von Rhodos. Zeitschrift für die gesamte Naturwissenschaft <u>2</u>
Braunschweig

Ditz H (1867) Die ungarische Landwirtschaft. Leipzig

Dobler F (1955) Conrad Gessner als Pharmazeut. Diss. ETH. Zürich

Drost D (1958) Die Töpfereitechnik in Afrika. Habil.-Schrift. Universität Jena

Ducellier G, Isman M (1942) Procédé d'obtention d'un gaz combustible par fermentation de matière
organique. Brevet d'Invention Gr. 15, Cl. 3, Nr. 893/767, Franz. Patent vom 28.03.1942. Paris

Duisburg A v (1942) Im Lande des Cheghu von Bornu. Berlin

Ecsedi I (1914) A Hortobágy puszta és élete. Debrecen

Eggeling G, Stephan B (1981) Biogas in China. In: Erfahrungsaustausch auf dem Biogassektor zwischen
China, Indien und der Bundesrepublik Deutschland, Bremen

Eichinger F (1955) Frauenarbeit bei den tibetischen Nomaden im Kukunor-Gebiet.
Anthropos <u>50</u>. Freiburg/Schweiz

Eldjárn K Briefliche Mitteilung. 23.6.1958

Filchner W (1929) Om mani padme hum. Leipzig

Flandin E (1851) Voyage en Perse. Deutsch von H. L. Teweleit: Reise in Persien, 1991. Berlin

Frischbier H (1882/83) Preußisches Wörterbuch. Berlin

Fülleborn F (1906) Das deutsche Nyassa- und Ruwuma-Gebiet. In: Deutsch-Ostafrika, Band 9. Berlin

Gerkens-Harmann B (1996) Leben mit Lehm. Lauenburgische Nachrichten (Beilage der Lübecker Nachrichten) Donnerstag 19.9.1996

Gerlach E u R (1958) Nicht nur am Nil erwacht Arabien. Reisebericht aus dem Yemen.
Freie Welt <u>29</u>. Berlin

Gessner C (1516-1565) Evonymi Thesaurus

Giese W (1932) Volkskundliches aus den Hochalpen der Dauphiné. Hamburg

Glathe H Mündliche Mitteilung. April 1955

Goldstern E (1922) Hochgebirgsvolk in Savoyen und Graubünden. Wiener Z. f. Volkskunde Erg.-Bd. <u>14</u>

Graefe E (1929) Die Kohle Indiens. Die Umschau <u>33</u>. Frankfurt/M.

Gregg J (1844) Commerce of the Prairies or the Journal of a Santa Fé Trader. 2 Bde. New York

Guinnard A (1864) Trois ans d'esclavage chez les Patagons. Paris

Gunda B (1951) Tözeg szavunk tárgytörténetéhez (Das Wort „Torf" als Geschichtsgegenstand).
Magyar Nyelvör <u>75</u>

Guéroult M (1952) Vûles gens, vux métyis. Cherbourg

Györffy I (1910) A tözegvetés. Népraizi Ertesitö <u>11</u>. Budapest

Haarnagel W (1961) Zur Grabung auf der Feddersen-Wierde 1955-59. Germania <u>31</u>

Hedin S (1903) Im Herzen von Asien. 2 Bde. Leipzig

Heissig W (1955) Ostmongolische Reise. Darmstadt

Hellmich W Briefliche Mitteilung. 1960

Herrmann R (1900) Anatolische Landwirtschaft. Leipzig

Hesekiel Kap. 4. Vers 12 und 15

Stael von Holstein F E B Mündliche Mitteilung. März 1958

Hoops J (1912) Reallexikon der germanischen Altertumskunde. 4 Bde. Straßburg

Hough W (1926) Fire as an agent in Human culture. U S Nat Mus Bull <u>139</u>. Washington

Huc M (1850) Souvenirs d'un voyage dans la Tartarie, le Thibet et la Chine. 2 Bde. Paris

Humboldt A v (1977) Südamerikanische Reise. Hrsg. Reinhard Jaspert, Berlin

Hutter A, Mesarosch V (1996) Abenteuer Mongolei. Zu Pferd durch das Land des Dschingis Khan. Zürich: Silva-Verlag

Häberlin K (1906) Brennmaterial und Feuerung auf den Halligen der Nordsee. Globus <u>89</u>

Hütteroth W D (1959) Bergnomaden und Yaryla-Bauern im mittleren kurdischen Taurus. Geogr. Schriften Heft <u>11</u>. Marburg

Irle J (1906) Die Herero. Gütersloh

Jarilov A (1896) Ein Beitrag zur Landwirtschaft in Sibirien. Diss. Leipzig

Jäger F (1911) Das Hochland der Riesenkrater. 2 Bde. Berlin

Kaufmann H (1959) Neue frühgeschichtliche Befunde vom Burgberg in Meißen. Ausgrabungen und Funde <u>4</u>

Koenig N (1947) Tabak aus eigenem Garten. Tabakforschungsinstitut Forchheim Merkblatt <u>2</u>

Konietzko J (1930) Die Volkstümliche Kultur der Halligenbewohner. Niederd. Z. f. Volkskunde <u>8</u>. Bremen

Konrad W Briefliche Mitteilung. Dezember 1955

Krarup Mogensen A Briefliche Mitteilung. 5.4.1958

Krünitz J G (1784) Ökonomisch-technologische Encyklopädie. Theil 5

—— (1796) Ökonomisch-technologische Encyklopädie. Theil 70

—— (1810) Ökonomisch-technologische Encyklopädie. Theil 91

Kärger K (1901) Landwirtschaft und Kolonisation im spanischen Amerika. 2 Bde. Leipzig

Lambton A K S (1953) Landlord and Peasant in Persia. London

Lansdell H (1882) Through Siberia. Boston

Lichtenstein H (1860) Reisen im südlichen Afrika. 2 Bde. Berlin

Livius T (1906) Ab urbe condita libri. In: Samml. griech. u. lat. Schriftsteller, Berlin: Hrsg. Wilhelm Weißborn

de Lizarraga R (1605) Descripción del Perú. Río de la Plata y Chile

Loll P (1929) Zustand und Entwicklungsvoraussetzungen der afghanischen Landwirtschaft. Diss. Berlin

Lucas A T Briefliche Mitteilung. 2.7.1958

Magasch A (1995) Yakhaltung in der Mongolei - ein Beitrag zur Erhaltung und Nutzung tiergenetischer Ressourcen. Landbauforschung Völkenrode 45. Braunschweig

Mandela N (1994) Der lange Weg zur Freiheit. Frankfurt/M.

Martin M (1703) A Description of the western Islands of Scotland. Edition Stirling, London

Mather E, Hart J F (1956) The Geography of Manure. Land Economics 32. Madison/Wisc.

Mohr N (1786) Forsøg til en islandsk Naturhistorie. Kiøbenhavn

Morier J (1812) A Journey through Persia, Armenia and Asia Minor to Constantinople in the years 1808 and 1809. London

Moszynski K (1929) Kultura Ludowa Slowian. Część i Kultura Materjalna. Krakau

Musil A (1907/08) Arabia Petraea. 3 Bde. Wien

Nansen F (1890) The First Crossing of Greenland. 2 Bde. London

Nordenskiöld E (1931) Origin of Indian Civilizations in South Amerika. Göteborg

Olafsen E (1774) Reise durch Island. 2 Bde. Kopenhagen

Olavius O (1780) Oeconomisk Reise igiennem de nordvestlige, nordlige og nordostlige Kanter af Island. 2 Theile. Kiøbenhavn

Olsen K H (1953) Grundlagen und Struktur der türkischen Landwirtschaft. Berichte über Landwirtschaft 31. Berlin

Omrani A Mündliche Mitteilung. August 1991

Orgeldinger M (1998) Eine Betonmischung aus Lehm, Stroh und Kuhmist. Braunschweiger Zeitung, Beilage Wochenende Sonnabend 14.3.1998

Pajkull C W (1867) En sommer i Island. Kjøbenhavn

Pallas P S (1771/76) Reise durch verschiedene Provinzen des Russischen Reiches. 3 Bde. St. Petersburg

Parrot F (1834) Reise zum Ararat. Spener, Berlin

Passarge S (1905) Das Okawangosumpfland und seine Bewohner. Z f Ethnologie 37. Berlin

Pax F (1933) Zoogene Bau- und Schottermaterialien rezenten Ursprungs. Mitt. Zool. Mus. Berlin 19

Peate I C (1944) The Welsh House. 2. Ed. Liverpool

Petzholdt A (1851) Beiträge zur Kenntnis des Innern von Rußland. Leipzig

Pittioni R (1943) Die Marais-Siedlung der nödlichen Vendée - ein Beispiel besonders altartiger Bauweise. Wiener Z. f. Volkskunde

Plinius C S Historia Naturalis. XIX, 23. Paris 1741

Pluquet F (1829) Essai historique sur la ville de Bayeux. Cean

Polak J E (1865) Persien, das Land und seine Bewohner. 2 Bde. Leipzig

Pontoppidan E (1781) Den danske Atlas. 2 Bde. Kopenhagen

Prinz J (1915) Ethnographische Beobachtungen in Tienschan. Anz. d. Ethnogr. Abt. d. Ungarischen Nationalmus Deutsche Ausgabe 7. Budapest

Prschewalskij N M v (1881) Reisen in der Mongolei 1870-1873. Übersetzung a. d. Russischen von Kohn. Jena

Quedenfeldt M (1887) Nahrungs-, Reiz- und kosmetische Mittel bei den Marokkanern. Verh. Berliner Ges. f. Anthropol., Ethnol. und Urgeschichte

Rabagliti D S (1927) Sidelights on a Veterinarians Life in Egypt. The Veterinary Record 7

Raitzyne J (1930) Die Landwirtschaft Sibiriens. Diss. Bonn

Réaumur R F L (1751) Pratique de l'Art de faire Eclorre et d'elever en toute Saison des Oiseaux Domestiques de toutes Espèces soit par le Moyen de la Chaleur du Fumier, soit par le Moyen de celle du Feu ordinaire. Paris

Reichard P (1892) Deutsch-Ostafrika. Das Land und seine Bewohner. Leipzig

Rhamm K (1911) Die altgermanische Wirkgrube auf slawischem Boden. Z. d. Ver. f. Volkskunde 21. Berlin

Risch F (1930) Johann de Plano Carpini. Geschichte der Mongolen und Reisebericht 1245-1247. In: Veröffentl. d. Forsch.-Inst. f. vergl. Religionsgesch. 2. Reihe, Heft 11. Leipzig

—— (1934) Wilhelm von Rubruk. Reise zu den Mongolen 1253-1255. In: Veröffentl. d. Forsch.-Inst. f. vergl. Religionsgesch. 2. Reihe, Heft 13. Leipzig

Rockhill W W (1894) Diary of a Journey through Mongolia and Tibet in 1891/92. Washington

Ruppin A (1916) Syrien als Wirtschaftsgebiet. Tropenpflanzer Beiheft 16. Berlin

Röbbelen F W (1844) Drei Jahre aus meinem Leben. Oldenburg

Schiller C Mündliche Mitteilung. Mai 1972

Schinz H (1891) Deutsch-Südwestafrika. Leipzig

Schlagintweit-Sakünlünski H v (1869) Reisen in Indien und Hochasien. 4 Bde. Jena

Schliemann H (1887) Brief aus Theben vom 19.2.1887 über seine ägyptische Reise. Verh. Berliner Ges. f. Anthropol., Ethnol. und Urgeschichte

Schneller H Briefliche Mitteilung. 25.4.1956

Schramek J (1915) Der Böhmerwaldbauer. In: Beitr. z. deutsch-böhmischen Volkskunde, Nr. 12. Prag

Schröter P Mündliche Mitteilung. Juni 1957

Schultz A (1935) Die Raumheizung in Asien. Diss. Leipzig

Schultze Jena L (1927) Makedonien. Landschafts- und Kulturbilder. Jena

Schwarz F v (1900) Turkestan, die Wiege der indogermanischen Völker. Freiburg/Br.

Schweinitz H H G v (1906) In Kleinasien. Ein Reitausflug durch das Innere Kl's im Jahr 1905. Berlin

Schönfeld E D (1902) Der isländische Bauernhof und sein Betrieb zur Sagazeit. Straßburg

Seglschneider E H (1978) Imkerei im nordwestlichen Niedersachsen. Verlag Museumsdorf Cloppenburg

Seneca (Epistulae). Ep.90 ad Lucilium. 1782. Bipontinae

Sererhard N (1944) Einfalte Delineation aller Gemeinden gemeiner dreyen Bünden.
   Hrsg. O. Vasella Chur

Shen T H (1951) Agricultural Ressources of China. Ithaka

Sicard C (1729) Remarques sur le sel armoniac. Nouveaux Memoires des Missions 7. Paris

Spinner W (1990) Kalk, Quark und Schweineborsten. Von einem, der auszog, mittelalterliches Bauen zu
   lernen. Neue Zürcher Zeitung 217. (Fernausgabe)

Steiner W Briefliche Mitteilung. 17.2.1959

Steward J H (1946) Handbook of South American Indians. The Anden Civilizations Vol 2. Washington

Stoffel J R (1938) Das Hochtal Avers. Zofingen

Stoklund B (1954/55) Klappinger, Kassen og fåretórv. Budstikken, Kopenhagen

Strabon Geographica. Buch 7

Struck B mehrere briefliche Mitteilungen. 1958/59

Stuhlmann F (1894) Mit Emin Pascha ins Herz von Afrika. Berlin

Szabadfalvi J (1958) Die schwarze Keramik in Ungarn und ihre osteuropäischen Beziehungen.
   Acta Ethnographica 7. Budapest

Tacitus P C Germania. Übersetzt von E. Fehrle. München 1939

Tacke D Mitarbeiter der Firma John Deere Mannheim. Briefliche Mitteilung. 21.2.1997

Tálasi I (1936) A Kiskunság népi állattartása. Néprajzi Füzetek. Budapest

Thunberg K P (1792/94) Reise durch einen Theil von Europa, Afrika und Asien, hauptsächlich in Japan
   in den Jahren 1770-1779. Aus dem Schwedischen von Ch. H. Croskurd, 2 Bde. Berlin

Tietjen C Mündliche Mitteilung. April 1954

Trippner J (1955) Ackerdüngung in der Prvinz Ch'ing-hai, China. Anthropos 50. Posieux

Troll C (1943) Die Stellung der Indianer-Hochkulturen im Landschaftsbau der tropischen Anden.
   Z. Ges. f. Erdkunde. Berlin

Tschudi J J v (1846) Peru. Reiseskizzen aus den Jahren 1838-1842. 2 Bde. St. Gallen

Vámbéry H (1865) Reise in Mittelasien von Teheran durch die Turkmenische Wüste . . . im Jahre 1863. Brockhaus, Leipzig

Venzmer G (o.J.) Menschen, Esel und Kamele. Hamburg: Weltbund-Verlag

Vermaat I G FAO Soil Fertility Expert bei der Regierung von Pakistan in Karachi. Mündliche Mitteilung. 7.5.1958

Wagner C (1940) Die moderne Entwicklung der Landwirtschaft bei den Kavirondo-Bantu. Z. Ges. f. Erdkunde. Berlin

Weiland P (1995) Anearobe Behandlung fester und halbfester Reststoffe aus der Landwirtschaft und Agrarindustrie. Technische Akademie Wuppertal. Seminar Nürnberg

Wildhaber R (1950) Vom Schafmist im Avers. Schweizer Volkskunde 40. Basel

Williams M O (o.J.) National Geographic Magazine

Wirth E (1955) Landschaft und Mensch im Binnendelta des unteren Tigris. Mitt. Geogr. Ges. Hamburg 52

Young A (1771) The farmers tour through the East of England. 4 Bde. London